以网络为基础的科学活动环境研究系列

网络计算环境：体系结构

单志广 姜进磊 武永卫 著

科学出版社

北 京

内 容 简 介

网格技术作为支撑现代科学活动的重要手段，受到了人们的普遍重视。然而，构造一个实用的网格系统并不是一件容易的事情，面临诸多的技术挑战。本书试图从体系结构的角度来描述一个网格系统所应该具有的各种元素及所提供的功能，为开发者提供参考。本书首先介绍了网格的三种典型架构，即五层沙漏结构、开放网格服务架构和面向服务的网格体系。其次，从理论的角度探讨了不同网格系统的统一描述。最后从实现的角度，对元信息服务、监控服务、数据管理、执行管理及安全服务等网格系统的关键部件进行了剖析。

本书可供网络计算相关领域的科研技术人员参考，也可供相关专业的研究生、本科生阅读。

图书在版编目 (CIP) 数据

网络计算环境：体系结构/单志广，姜进磊，武永卫著. —北京：科学出版社，2014.10
（以网络为基础的科学活动环境研究系列）
ISBN 978-7-03-042158-6

Ⅰ.①网… Ⅱ.①单… ②姜… ③武… Ⅲ.①网络环境 Ⅳ.①TP393

中国版本图书馆 CIP 数据核字 (2014) 第 237989 号

责任编辑：任　静 / 责任校对：朱光兰
责任印制：吴兆东 / 封面设计：迷底书装

科 学 出 版 社 出版
北京东黄城根北街 16 号
邮政编码：100717
http://www.sciencep.com

北京建宏印刷有限公司 印刷
科学出版社发行　各地新华书店经销

*

2014 年 10 月第 一 版　　　开本：720×1 000 1/16
2022 年 7 月第三次印刷　　　印张：10 1/2
字数：192 000

定价：65.00 元
（如有印装质量问题，我社负责调换）

序

近年来，以网络为基础的科学活动环境已经引起了各国政府、学术界和工业界的高度重视，各国政府纷纷立项对网络计算环境进行研究和开发。我国在这一领域同样具有重大的应用需求，同时也具备了一定的研究基础。以网络为基础的科学活动环境研究将为高能物理、大气、天文、生物信息等许多重大应用领域提供科学活动的虚拟计算环境，必然将对我国社会和经济的发展、国防、科学研究，以及人们的生活和工作方式产生巨大的影响。

以网络为基础的科学活动环境是利用网络技术将地理上位置不同的计算设施、存储设备、仪器仪表等集成在一起，建立大规模计算和数据处理的通用基础支撑结构，实现互联网上计算资源、数据资源和服务资源的广泛共享、有效聚合和充分释放，从而建立一个能够实现区域或全球合作或协作的虚拟科研和实验环境，支持以大规模计算和数据处理为特征的科学活动，改变和提高目前科学研究工作的方式与效率。

目前，网络计算的发展基本上还处于初始阶段，发展动力主要来源于"需求牵引"，在基础理论和关键技术等方面的研究仍面临着一系列根本性挑战。以网络为基础的科学活动环境的主要特性包括：

(1)无序成长性。Internet 上的资源急剧膨胀，其相互关联关系不断发生变化，缺乏有效的组织与管理，呈现出无序成长的状态，使得人们已经很难有效地控制整个网络系统。

(2)局部自治性。Internet 上的局部自治系统各自为政，相互之间缺乏有效的交互、协作和协同能力，难以联合起来共同完成大型的应用任务，严重影响了全系统综合效用的发挥，也影响了局部系统的利用率。

(3)资源异构性。Internet 上的各种软件/硬件资源存在着多方面的差异，这种千差万别的状态影响了网络计算系统的可扩展性，加大了网络计算系统的使用难度，在一定程度上限制了网络计算的发展空间。

(4)海量信息共享复杂性。在很多科学研究活动中往往会得到 PB 数量级的海量数据。由于 Internet 上信息的存储缺少结构性，信息又有形态、时态的形式多样化的特点，这种分布的、半结构化的、多样化的信息造成了海量信息系统中信息广泛共享的复杂性。

鉴于人们对于网络计算的模型、方法和技术等问题的认识还比较肤浅，基于 Internet 的网络计算环境的基础研究还十分缺乏，以网络为基础的科学活动环境还存在着许多重大的基础科学问题需要解决，主要包括：

(1)无序成长性与动态有序性的统一。Internet 是一个无集中控制的不断无序成长的系统。这种成长性表现为 Internet 覆盖的地域不断扩大，大量分布的异构的资源不断更新与扩展，各局部自治系统之间的关联关系不断动态变化，使用 Internet 的人群越来越广泛，进入 Internet 的方式不断丰富。如何在一个不断无序成长的网络计算环境中，为完成用户任务确定所需的资源集合，进行动态有序的组织和管理，保证所需资源及其关联关系的相对稳定，建立相对稳定的计算系统视图，这是实现网络计算环境的重要前提。

(2)自治条件下的协同性与安全保证。Internet 是由众多局部自治系统构成的大系统。这些局部自治系统能够在自身的局部视图下控制自己的行为，为各自的用户提供服务，但它们缺乏与其他系统协同工作的能力及安全保障机制，尤其是与跨领域系统的协同工作能力与安全保障。针对系统的局部自治性，如何建立多个系统资源之间的关联关系，保持系统资源之间共享关系定义的灵活性和资源共享的高度可控性，如何在多个层次上实现局部自治系统之间的协同工作与群组安全，这些都是实现网络计算环境的核心问题。

(3)异构环境下的系统可用性和易用性。Internet 中的各种资源存在着形态、性能、功能，以及使用和服务方式等多个方面的差异，这种多层次的异构性和系统状态的不确定性造成了用户有效使用系统各种资源的巨大困难。在网络计算环境中，如何准确简便地使用程序设计语言等方式描述应用问题和资源需求，如何使软件系统能够适应异构动态变化的环境，保证网络计算系统的可用性、易用性和可靠性，使用户能够便捷有效地开发和使用系统聚合的效能，是实现网络计算环境的关键问题。

(4)海量信息的结构化组织与管理。Internet 上的信息与数据资源是海量的，各个资源之间基本上都是孤立的，没有实现有效的融合。在网络计算环境下如何实现高效的数据传输，如何有效地分配和存储数据以满足上层应用对于数据存取的需求，以及有效的数据管理模式与机制，这些都是网络计算环境中数据处理所面临的核心问题。为此需要研究数据存储的结构和方法，研究由多个存储系统组成的网络存储系统的统一视图和统一访问，数据的缓冲存储技术等海量信息的组织与管理方法。

为此，国家自然科学基金委员会于 2003 年启动了"以网络为基础的科学活动环境研究"重大研究计划，着力开展网络计算环境的基础科学理论、体系结构与核心技术、综合试验平台三个层次中的基本科学问题和关键技术研究，同时重点建立高能物理、大气信息等网络计算环境实验应用系统，以网络计算环境中所涉及的新理论、新结构、新方法和新技术为突破口，力图在科学理论和实验技术方面实现源头创新，提高我国在网络计算环境领域的整体创新能力和国际竞争力。

在"以网络为基础的科学活动环境研究"重大研究计划执行过程中，学术指导专家组注重以网格标准规范研究作为重要抓手，整合重大研究计划的优势研究队伍，推动集成、深化和提升该重大研究计划已有成果，促进学术团队的互动融合、技术方法的标准固化、研究成果的集成升华。在学术指导专家组的研究和提议下，该重大研究计划于 2009 年专门设立和启动了"网格标准基础研究"专项集成性项目（No.90812001），基于重大研究计划的前期研究积累，整合了国内相关国家级网格项目平台的核心研制单位和优势研究团队，在学术指导专家组的指导下，重点开展了网格术语、网格标准的制定机制、网格标准的统一表示和形式化描述方法、网格系统结构、网格功能模块分解、模块内部运行机制和内外部接口定义等方面的基础研究，形成了《网格标准的基础研究与框架》专题研究报告，研究并编制完成了网格体系结构标准、网格资源描述标准、网格服务元信息管理规范、网格数据管理接口规范、网格互操作框架、网格计算系统管理框架、网格工作流规范、网格监控系统参考模型、网格安全技术标准、结构化数据整合、应用部署接口框架（ADIF）、网格服务调试结构及接口等十二项网格标准研究草案，其中两项已列入国家标准计划，四项提为国家标准建议，十项经重大研究计划指导专家组评审成为专家组推荐标准，形成了描述类、操作类、应用类、安全保密类和管理类五大类统一规范的网格标准体系草案，相关标准研究成果已在我国三大网格平台 CGSP、GOS、CROWN 中得到初步应用，成为我国首个整体性网格标准草案的基础研究和制定工作。

本套丛书源自"网格标准基础研究"专项集成性项目的相关研究成果，主要从网络计算环境的体系结构、数据管理、资源管理与互操作、应用开发与部署四个方面，系统展示了相关研究成果和工作进展。相信本套丛书的出版，将对于提升网络计算环境的基础研究水平、规范网格系统的实现和应用、增强我国在网络计算环境基础研究和标准规范制订方面的国际影响力具有重要的意义。

是以为序。

北京大学教授

国家自然科学基金委员会"以网络为基础的科学活动环境研究"

重大研究计划学术指导专家组组长

2014 年 10 月

前　言

计算技术已经深刻地改变了我们的工作、学习和生活，成为继理论和实验之后人类认识世界和改造世界的第三大利器，信息和通信技术的飞速发展和进一步融合，以及体系结构的进步更是将其提升到前所未有的高度。

科学活动是人类的一种认识和实践活动，其最基本的特点是创造性和探索性。自20世纪初的物理学革命开始，科学活动步入了现代化的阶段：一方面，科学研究的领域和对象逐渐向微观和宏观各层次深入；另一方面，学科之间的横向和纵向联系变得更加紧密。除此之外，现代科学活动还日益表现出技术化、产业化、社会化和全球化的趋势。这些特点越来越需要知识和技术的结合、相关学科信息的共享和多种科研资源的协同工作。

网格，也称为网格计算，是为解决跨组织、跨地域的大规模资源共享和协作而提出的一种新方法。它被定义为在一个分布式、异构的环境下对跨传统的管理域和组织域的资源进行虚拟化和集成，对服务进行管理的一类分布式系统。从英国的e-Science项目开始，网格成为支撑现代科学活动的核心技术，获得了蓬勃的发展。

虽然国内外的网格研究已经取得了重大的进展，并开始投入实际应用，但各网格计划的研究都相对独立，造成各网格平台之间的互联互通和互操作性较差，网格之间的资源较难进行统一的监控和调度，从而无法实现跨平台的资源共享。而且，在不同的网格研究项目中，解决的基本核心问题都非常类似，从世界范围看，网格研究重复投资、重复开发的现象严重，造成了人力和物力的大量浪费，在很大程度上阻碍了网格技术的发展。因此，实现异构网格之间的互通互操作具有非常重要的理论和现实意义。

标准体系是网格应用发展的重要前提，也是实现异构网格之间的互通互操作的基础。如果没有标准体系作为支撑，就无法真正实现网格系统的互联互通、资源共享和协同工作。目前国际上虽然已经推出了一些网格标准，但大多处于初级阶段，还没有得到业界的广泛认可。尽管如此，在核心技术上，相关机构与企业已达成共识：由美国阿贡(Argonne)国家实验室与南加州大学信息科学学院(ISI)合作开发的Globus Toolkit(GT)已成为网格计算事实上的标准。GT提供了构建网格应用所需的很多基本服务，如安全、资源发现、资源管理、数据访问等。

另外，2002年2月，在加拿大多伦多市召开的全球网格论坛(Global Grid Forum, GGF)会议上，Globus项目组和IBM共同倡议了一个全新的网格标准OGSA。OGSA叫作开放网格服务架构(Open Grid Services Architecture)，它把Globus标准与以商用为主的 Web Service 的标准结合起来，网格服务统一以 Service 的方式对外界提供。以 OGSA 的提出为标志，结合了 Web 服务技术的网格技术的标准化工作不仅受到了 OMG、W3C、OASIS 等已有国际标准化组织的关注和支持，网格领域中也先后出现了 GGF、EGA、OGF 等标准化组织。OGSA 的诞生，标志着网格已经从学术界延伸到了商业界，而且从一个封闭的环境走向开放的世界中。

尽管 OGSA 从一诞生就得到业界的广泛支持，为众多的国际知名企业和研究机构所接受，但 OGSA 只是概念模型，定义了网格概念结构，没有涉及任何实现层面和功能接口层面描述，这就导致目前网格各种异构的实现虽然都遵循了 OGSA 标准，但无法实现真正意义上的交互，也就不能实现真正意义上的资源整合和计算协同。此外，OGSA 是基于国际上对网格的统一认识和研究结果而提出的，缺乏对中国具体国情和应用环境的特性考虑，因此制定我国自己的网格体系结构标准对国家的网格系统的研发、提高我国网格行业的产出质量、提升我国网格技术的竞争力，以及力争与国外不但在网格技术研究而且在网格标准规范制定方面达到同等对话层次等方面都具有重要的意义。

在上述背景下，我们对网格的相关标准进行了研究，内容涉及网格体系结构、网格资源描述、网格服务元信息管理、网格数据管理、网格计算系统管理、网格工作流、网格监控、网格安全、网格互操作等多个层面。本书是网格体系结构研究成果的集中体现，参与研究的单位包括国家信息中心、清华大学、中国电子技术标准化研究所、北京航空航天大学、中国科学院计算技术研究所、中国科学院软件研究所、北京大学、兰州大学、北京邮电大学等。

本书作者们的研究工作得到了国家自然科学基金项目"网格标准基础研究"（No.90812001）的资助，并得到了国家自然科学基金委员会"以网络为基础的科学活动环境研究"重大研究计划学术指导专家组的悉心指导，在此表示深深的谢意！

在编著本书的过程中，我们力求内容翔实准确，但限于水平和时间，疏漏之处在所难免，敬请读者批评指正。

作　者

2014 年 8 月

目　　录

第 1 章

现代科学活动环境与网格技术综述

从英国的 e-Science 项目开始，网格成为支撑现代科学活动的核心技术，获得了蓬勃的发展。本章从现代科学活动的特点及要求出发，对网格技术的历史、发展现状、面临的挑战等作一个概括而又全方位的介绍。

1.1 现代科学活动的特点及要求

科学研究是人类的一种认识和实践活动，其最基本的特点是创造性和探索性。现代科学活动始于 20 世纪初的物理学革命，其突出特点表现在以下八个方面[1]。

(1)科学研究的领域和对象逐渐向微观和宏观各层次深入，对过程、结构和功能多个方面进行完整研究。

(2)科学研究的内容具有学科交叉的性质，学科之间的横向和纵向联系更加紧密。

(3)科学研究的组织形式更加多样，集体研究成为科学研究的主要形式，科学研究成为一种重要的社会职业部门或社会建制，科研人员的数目剧增，形成庞大的科研队伍。

(4)科学研究的方法和手段越来越依赖于最新的复杂技术装备，信息技术、网络技术等广泛应用于科学研究的各个领域，呈现出科学技术化的趋势。

(5)科学研究的成果迅速转化和扩散，使得基础研究、应用研究和开发研究三者之间的界限越来越模糊，政府、企业和科研机构之间的关系更加紧密，呈现出科学产业化的趋势。

(6)科学技术已经渗透到社会生活的各个领域，更加强调与国家经济、安全和可持续发展的目标紧密结合；同时科学研究的实验设备日益庞大和昂贵，对社会的人力、物力和资金的需求也不断加大，呈现出科学社会化的趋势。

(7)科技资源的配置在全球范围内进行，科技成果的评价和应用也在全球范围内进行和流动，国际科技合作与交流迅速增加，科学研究呈现出全球化的特征。

(8)科学研究的质量控制既要关注研究工作的潜在应用，更要考虑研究成果的可使用性、成本效益和社会可接受性等，而且更加强调科学家的社会责任，并把伦理标准纳入科学研究的行为规范之中。

现代科学活动的这些特点越来越需要知识和技术的结合、相关学科信息的共享和多种科研资源的协同工作。因此，如何协同分散在各地的大量科研资源来完成各种复杂科研问题的求解已成为一个至关重要的问题，于是网格技术应运而生。

1.2　网格概念的提出与发展

网格(Grid)技术正是为解决跨组织、跨地域的大规模资源共享和协作问题而提出的一种新方法。网格最早是借助电力网的概念提出的：就像人们使用电力而不用知道电力从哪里来、怎么来一样，人们在使用网格提供的计算力的时候也无需知道提供"计算力"的资源的位置、互联方式等细节问题。网格问题被形象地定义为在个人、组织机构、互联资源(计算设备、网络、在线仪器设备、存储设备等)的动态集合上实现灵活、安全、透明、协同的资源共享。网格研究试图将一组通过高速网络连接起来的异构的资源聚合起来，作为一个整体计算环境，透明地向用户提供各类高性能计算服务。其最终目标是希望计算机一旦接入网络就能获取源源不断的计算能力。

从狭义上来讲，网格被称为计算网格(Computational Grid)，由元计算(Metacomputing)[2]的概念发展而来。在最开始的时候，元计算的目标是把各个独立的超级计算机或网络上的闲置计算机资源集合起来，成为一个整体来为科学计算提供强大的超级计算服务。随着网络环境及网络应用需求的多样化，单纯的超级计算服务已经无法满足这种需求，在这个背景下，人们引入了网格的概念。网格之父 Ian Foster 在文献[3]中给出的描述是：计算网格是一个能够为人们提供可靠的、一致的、普适并且廉价的高端计算能力的软、硬件平台。

从广义上来讲，网格就是一个集成的计算与资源环境，或者说是一个计算资源池，它能够充分吸纳各种不同类型的计算资源，将它们转化为一种可靠的、易得的和标准的计算能力。在这种广义的定义下，网格中的资源包括了各种类型的计算机、网络通信能力、数据资料、仪器设备等。实际上，广义的网格概念就是我们平常所说的网格计算(Grid Computing)，Ian Foster 等在文献[4]中给出的描述是：网格的概念就是在动态、多机构虚拟组织之间的协调的资源共享和问题解决。

网格技术的发展经历了如图 1-1 所示的几个主要阶段[5]。

20 世纪 80 年代中后期，为了满足科研活动对新的高性能计算技术的需要，网格计算的前身——元计算[2]开始受到人们的关注。元计算又被称为网络虚拟超级计算机。著名的 Globus 项目在 1995 年启动时最初的目的也是提供一个元计算工具包[6]。SETI[7]和 Conder[8]都是这一时期的代表性研究成果。

图 1-1　网格技术发展过程

到 20 世纪 90 年代中期，元计算的概念逐渐被从"电力网格"中借鉴来的"计算网格"的概念取代。然而，这一时期的网格技术研究项目大多是各自为政，没有一个统一的指导思想和规范。Globus Toolkit 较早的两个主要版本 1.0 和 2.0 分别在 1998 年和 2001 年发布。它们都基于 C 语言来实现，其中 GT 2.0 的影响比较大，被 LHC Grid 和 Tera Grid 等著名网格采用。

2001 年，与网络多层体系结构类似的沙漏型多层体系结构被引入网格中。同年，GGF 成立。GGF 及其继承者——开放网格论坛（Open Grid Forum, OGF）[9]随后积极推动网格技术标准和规范的建立。2002 年，GGF 会议上提出 OGSA[10]和开放网格服务基础设施（open grid services infrastructure, OGSI）[11]。这两个规范的提出使得网格技术正式走入面向服务的时代。OGSA 的提出统一了网格系统的体系结构，规范了网格的重要功能和关键组件。OGSI 提出了有状态网格服务的概念。面向服务思想的引入简化了网格资源之间的访问界面和协议，方便了资源之间的互操作[12]。Globus Toolkit 3 遵循 OGSA 体系架构，并实现了 OGSI 中定义的网格服务标准。

然而，由于 Web 服务技术具有更大的影响力及在工业界更高的支持度，OASIS[13]提出的 Web 服务资源框架（web services resource framework, WSRF）[14]在 2004 年后逐渐代替了 OGSI。WSRF 的提出标志着网格技术与 Web 服务技术的最终结合。新的 Globus Toolkit 4 即实现了基于 WSRF 标准的网格服务。

1.3　网格的特点

一般来说，网格解决的问题有三个特征。

（1）资源的异构性。网格中可以用来共享的资源有着极其广泛的类型，包括网络资源、计算资源、存储资源、数据资源等。同一种资源也往往有着不同的表现形式和实现方式，如作业系统的 PBS（Portable Batch System）和 LSF（Load Sharing Facility），传输协议中的文件传输协议（file transfer protocol, FTP）和超文本传输协议（hyper text transfer protocol, HTTP）等。类别不同的资源通过网格进行互联，解决了它们之间的通信和互操作问题。

(2)管理的自治性。网格的资源往往来自不同的物理单位和组织，各个单位和组织对自己的资源大都存在着特定的策略，这就要求网格在进行资源整合的同时，尽量保留这种管理上的自治性，这也是广义网格概念中"协调的资源共享"的真正含义——需要协调不同单位和组织的资源组织和管理策略。

(3)行为的动态性。虽然相比于现在比较流行的 P2P（Peer-to-Peer）系统，网格系统一般来说稳定得多，但是网格毕竟是在一个广域网环境下的大规模、分布式的系统，所以动态性是不可避免的。这种动态性主要体现为节点资源的加入和退出，以及应用的不断增长。

针对这些问题特性，网格作了针对性的设计。与传统的分布式系统相比，网格具有如下技术特征和优势。

(1)资源共享，消除资源孤岛。网格能够实现资源共享，消除信息孤岛，实现应用程序的互联互通。网格与计算机网络不同，计算机网络实现的是一种硬件的连通，而网格能实现应用层面的连通。

(2)协同工作。网格提供了一个无缝的、集成的计算与协作环境，很多网格结点可以共同处理一个项目。此外，网格还支持跨组织、跨学科，涉及大规模资源共享的协作活动，如 Access Grid 本质上就是一个大规模的电子会议和分布式会议平台。最后，网格还能实现更高层次的协同处理，美军的全球信息网格（Global Information Grid, GIG）计划是这方面的一个典型例子。

(3)通用开放标准、非集中控制、非平凡服务质量。这是 Ian Foster 在 2002 年提出的网格检验标准，其中通用开放标准将网格与 P2P 系统区分开来，非集中控制将网格与集群区分开来，而非平凡服务质量则将网格与 Web 区分开来。网格是基于国际的开放技术标准，这跟以前很多行业、部门或公司推出的软件产品不一样。

(4)动态功能，高度可扩展性。网格可以提供动态的服务，能够适应变化：新的应用可以动态地被部署到网格系统中，形成新的服务；已有的服务也可以根据需要组合起来，对外提供新的功能，从而满足变化的应用需求。同时，网格并非限制性的，它实现了高度的可扩展性，新的资源可以动态地加入，已有的资源也可以随时退出。

1.4　网格在国内外的发展现状

进入 21 世纪，网格的概念日益被人们熟知，相应的技术也逐渐走向成熟。在这一情形下，全球网格建设蓬勃发展，得到了各国政府和产业界的大力支持。在 21 世纪的最初十年里，网格技术的研究与应用呈现出如下一些特点。

政、产、学、研各界积极参与，网格建设和应用蓬勃发展，特别是建设网格信息基础设施已成为世界各国政府的共同目标。美国、日本，以及欧洲各国政府支持了数十个大型的网格研究和开发项目，下面是其中的一些代表性项目及其投入计划。

(1) 美国：Tera Grid、OSG (Open Science Grid)，Cyberinfrastructure 等，2000～2005 年投入约 5 亿美元，2006～2010 年投入约 6.5 亿美元。

(2) 欧盟：e-Infrastructure、EGEE (Enabling Grids for e-Science in Europe)、OMII (Open Middleware Infrastructure Institute) 等，第六框架投入 2.5 亿欧元、第七框架投入 6.5 亿欧元。

(3) 英国：e-Science 网格 (2000～2006 年，投入 2.5 亿英镑)。

(4) 德国：D-Grid (2003～2007 年，投入 1 亿美元)。

(5) 日本：国家科研网格 Naregi (2003～2007 年，投入约 1.2 亿美元，主要是网格软件的开发)，Cyber Science Infrastructure (2006～2011 年，投入 10 亿美元)。

(6) 韩国：KGrid (2002～2006 年，0.32 亿美元)；e-Science 网格 (2007～2011 年)。

(7) 中国：科学技术部资助了中国国家网格 (China National Grid, CNGrid)，至 2010 年年底已完成二期的研发与应用工作；教育部资助了中国教育科研网格 (ChinaGrid)，一期建设工作于 2006 年结束，目前，正在进行二期建设；国家自然科学基金委员会资助了"以网络为基础的科学活动环境" (NSFGrid) 等，整个重大专项将于近期结题。

除了众多学术机构在进行网格方面的研究之外，业界许多公司已认识到网格所带来的巨大应用前景和商业价值，纷纷投入巨资开展服务网格的研究并大力推广网格服务的商业化。Sun 在 2000 年就启动了以网格引擎 (Grid Engine) 分布式资源管理软件为基础的开放源代码战略。IBM 宣布在网格计算领域投资 40 亿美元，已在全球建设 40 家数据中心，从而正式进入网格计算领域。另外，IBM 还进一步推出 On Demand Computing 计划，打算整合其包括硬件、存储、网络计算在内的 IT 基础设施，针对企业级的 IT 应用及业务流程变革，提供一种前所未有的按需使用的综合服务。Microsoft 决定支持网格组织 Globus Project。2005 年 1 月，HP、IBM、Intel 及 Sun 宣布成立一个新的行业组织 Globus Consortium，致力于促进企业级网格计算的开放标准，构建 Globus Toolkit 商业开发工具包。

通过上述计划的实施及数年的研究发展，世界上已经建设成了十余个日常运行的国家级网格系统，以及众多的企业网格系统、数百个网格应用系统。在此情况下，网格也从以支持科学计算为主向支持更广泛、更接近广大市场的数据网格、信息网格、商业网格和企业网格等扩展，其应用领域从 e-Science 扩展到电子政务、电子商务、电子教育、电子娱乐业和军事信息系统。在欧洲和日本的网格规划中，非科学研究类的应用越来越受重视。与之相对应，网格的用户群也大大扩展，如美国的 TeraGrid 和欧盟的 EGEE 在 2006～2010 年，其科学家用户数均从数百人增长到了数千人，用户规模增加了十倍。

网格技术发展的另外一个趋势就是网格间的互操作日益受到重视。在网格兴起初期，人们期望通过一套统一的技术和管理方法，建立一个全球大网格。过去几年的实践表明，这种期望是不现实的。一个不容忽视的事实已经越来越明显，那就是在今后相当长的时间内，多个网格并存的现象将长期存在。因此，人们不再强求不同网格的统一，而是致力于实现这些网格的互操作。2006 年年初，OGF已经制订计划，希望实现包括中国国家网格在内的世界上十大网格的互操作。在随后的日子里，在超算领域知名的国际会议 SC(The International Conference for High Performance Computing Networking, Storage and Analysis)上，人们进行了一系列网格互操作的演示。值得一提的是，在欧盟第六框架(FP6)支持的 EUChinaGrid项目下，欧洲网格基础设施 EGEE 实现了与中国国家网格 CNGrid 之间的互联互通互操作[15]。ChinaGrid 的中间件 CGSP 与 CNGrid 的中间件 GOS 之间也实现了互操作[16]。

随着云计算[17-20]的兴起与蓬勃发展，时间步入了 21 世纪的第二个十年，网格的影响日渐式微，时至今日，网格甚至已经很少为人们所提及。我们认为，这也是一个十分正常的现象。一方面技术在不断地进步，经过近 20 年的发展，网格相关技术已经成熟，对于成熟的技术，人们的关注度自然会下降。以欧洲为例，经过多年的研究与发展，EGEE 项目于 2010 年正式结束，随后其服务转由 EGI.eu (即欧洲网格基础设施)这一组织[21]来维护，其他网格项目的产出基本也采用同样的处理方式。另一方面，网格自身也存在一些不足[22]，其起源于学术界试图通过单一的系统满足所有应用的设计理念导致了系统异常复杂，对用户和开发者的要求极高，另外，网格的运行也缺乏明确的商业模式，更多的是通过政府的资助进行，这也阻碍了其可持续发展，因此，网格被更具有生命力的技术代替也就不可避免。这里我们需要强调的是，正如文献[23]中指出的那样，网格和云计算的目标或说所要解决的问题其实是一致的，只是其出现的时机和理念不同才形成了不同的结果。另外，网格越来越少被提及并不意味着网格技术的消失，它只是转入了后台，实际上，在云计算的后端，我们经常可以看到网格技术的身影。

1.5　网格面临的挑战

网格的远大目标决定了网格系统的构建并不是一件容易的事情，正是存在对网格所要解决的问题的多种理解，才导致了多种网格软件的出现。在网格发展过程中出现的一些有影响力的网格软件包括 Condor、Unicore、GT4、EGEE 的 gLite、OMII、XtreemOS、CNGrid 的 GOS (Grid Operating System) 及 ChinaGrid 的 CGSP (ChinaGrid Support Platform)等。总的来说，构建网格系统需要考虑的问题包括八个。

(1)网格的体系结构。这方面需要考虑的问题是如何屏蔽底层平台及其编程语言的异构性，从而形成一个信息获取、传输、访问和处理的单一虚拟系统基础平台。

（2）网格的高可靠和可用性技术。网格资源涉及多个层次和多个方面的异构性，节点的加入和退出，以及故障（即资源的动态性）是一种常态，因此在构建过程中避免节点系统状态的不确定性，使得单点失败不会导致整个网格系统的失败。

（3）网格的安全机制和可信技术。网格涉及多个管理域，每个管理域的安全策略往往存在较大的差异，在这种情况下，如何提供一种访问控制模型，如何对服务的可信性进行度量就成为保证多域安全需要考虑的重要问题。从使用便利性的角度考虑，网格应该提供单点登录（single sign on, SSO）的支持，使得用户只需要登录一次就可以访问网格系统中所有的资源，即使这些资源分属于不同的管理域。这种方式也要求在不同的管理域之间建立良好的信任管理。

（4）海量分布数据的存储、分发、访问和管理。数据是网格管理的重要资源之一，对数据的基本要求包括高速透明地访问多个地点的海量存储系统，统一的数据操作和管理空间。另外，从数据类型的角度而言，网格需要实现半结构化与结构化数据，以及非结构化数据的访问和管理。

（5）网格资源与服务的发现、组织和调度与管理的模型。网格的目标是实现资源的共享，用户要使用共享资源，必须能够找到它们，这就涉及资源与服务的组织、管理、发现与调度。网格系统中的信息服务或信息中心就是为了实现这一目标而提供的。与此相关的另外一项网格设施是监控系统，它提供资源状态的动态信息，为资源调度奠定基础。

（6）网格的编程模型和语言，这方面的要求是突破传统的程序设计和并行程序设计语言与编程模型，提供网络级别、平台级别和构件级别等多个层次的并行支持，同时还应该提供高层 shell 语言和工作流语言，实现对粗粒度开发的支持。与编程模型和语言相对应的要求还有提供应用开发环境和工具，以及面向应用领域的基础服务（类似于传统的程序库），以进一步简化开发过程，提高开发效率。

（7）网格系统的自治管理/自适应技术。这方面需要考虑的问题包括灵活的、自治的资源管理（如自动的服务器重启、数据迁移、拥塞避免等）及应用系统在异构分布环境中优化执行。

（8）虚拟组织的管理和协同工作。虚拟组织是网格的核心概念，这方面需要考虑的问题包括虚拟组织的自动配置和部署，服务和应用的自治管理与优化，多个系统的协调和集成，以及基于服务的协作集成等。

除了上述具体的技术问题之外，标准化也是需要考虑的一个重要问题。网格的理念是跨域的资源共享，消除信息孤岛。就像 TCP/IP 协议是互联网的核心一样，为了达到跨域资源及计算力协同共享的目的，同样需要制定一系列的标准和规范，如统一命名/术语、统一计算资源的属性和语义描述、功能实现的技术方法等。网格资源具有广泛分布、异构、自治等特点，构建网格平台或系统的首要任务就是制定标准，统一网格资源的描述和业务流程的实现协议。因此，标准对于网格系统的构建来说是至关重要的。

网格技术的标准化是网格自身发展所要求的。在网格兴起初期，人们期望通过一套统一的技术和管理方法，建立一个全球大网格。但从近几年网格技术的发展来看，这种期望在短时间内还难以实现。目前，如前面所述的国家级网格系统，以及众多的企业网格系统、数百个网格应用系统，为以网络为基础的科学活动提供了支撑平台，推动了网格技术的应用和跨学科交叉。这说明在今后相当长的时间内，多个网格并存的现象将长期存在。虽然国内外在网格研究方面已经取得了重大的进展，并开始投入实际应用，但各网格计划的研究都相对独立，造成各网格平台之间的互联互通互操作性较差，网格之间的资源较难进行统一的监控和调度，从而无法实现跨平台的资源共享。而且，在不同的网格研究项目中，解决的基本核心问题都非常类似，从世界范围看，网格研究重复投资、重复开发的现象严重，造成了人力和物力的大量浪费，在很大程度上阻碍了网格技术的发展速度。因此，实现异构网格之间的互通互操作具有非常重要的理论和现实意义，而实现不同网格项目之间的互联互通，需要制定相关的网格开发和互操作标准，用于规范和约束网格系统间的通信和交互。

总的说来，当前标准的缺乏所导致的安全管理、调度管理、信息管理、任务管理、数据管理等问题把网格开发人员紧紧限制在一个封闭的环境中，只有统一的标准平台才能解决这些问题。标准的网格平台可以被开发和部署在任何可能的设备上，设备的任务系统允许任何具有适当权限的人向网格提交任务。大量隶属于特定公司或项目的独立网格将不复存在，我们将会拥有一个全球性的网格，各种任务将会根据任务需求和资源可用性在整个网格上展开。

1.6　与网格有关的标准和组织

随着网格应用领域的进一步扩展，国内外对制定网格标准、规范网格系统的开发、实现网格之间的互操作都非常重视，目前已经开始了一些相关研究，并且形成了具有相当规模和影响力的组织，如早期的 GGF 和 EGA（Enterprise Grid Alliance），以及当今的 OGF（OGF 为前两者合并而成）。除了这些新成立的组织，W3C（World Wide Web Consortium）、IETF（Internet Engineering Task Force）、OASIS（Organization for the Advancement of Structured Information Standards）、WS-I（Web Services Interoperability Organization，该组织已于 2010 年并入 OASIS）、ISO（International Organization for Standardization）等也参与到制定网格软件相关的技术标准中。这些组织提出了数百个标准草案文档，这些研究成果一方面为未来网格技术标准的制定打下了广泛的基础，另一方面也造成了网格标准的多杂纷乱。

在已有的标准/草案中，比较有影响力的工作有两个，一是由 OGF 结合 SOA（Service-Oriented Architecture）理念提出的 OGSA，特别是 2005 年推出的 OGSA 1.5版，开始逐步得到广泛的认同和遵循；二是结合 Web 服务技术的优势，由 OASIS提出的 WSRF，它使得网格软件生产商可以利用通用 Web 服务标准来识别和使用网格计算资源。除了上述两项工作，其他值得关注和借鉴的标准工作包括WS-I（Web Service Interoperability）、WS-Management、WS-Security、CIM（Common Information Model）、JSDL（Job Submission Description Language），BEPL4WS（Business Process Execution Language for Web Service）、SRM（Storage Resource Management）、GSI（Grid Security Infrastructure）、SAML（Security Assertion Markup Language）等。

参 考 文 献

[1]　吕群燕. 现代科学研究的特点及科技基金的产生背景. 科技导报, 2009, 27（6）: 112.

[2]　Catlett C, Smarr L. Metacomputing. Communications of the ACM, 1992, 35 （6）: 44-52.

[3]　Foster I, Kesselman C. The Grid: Blueprint for a New Computing Infrastructure. San Francisco: Morgan Kaufmann Publishers, 1998.

[4]　Foster I, Kesselman C, Tuecke S. The anatomy of the grid: enabling scalable virtual organizations. International Journal of Supercomputing Applications, 2001, 15（3）: 200-222.

[5]　李玉顺. 基于网格的大规模协同工作环境研究. 北京：清华大学博士学位论文，2005.

[6]　Foster I, Kesselman C. Globus: A metacomputing infrastructure toolkit. Supercomputer Applications, 1997, 11 （2）: 115-128.

[7]　Anderson D P, Cobb J, Korpela E, et al. SETI@home: an experiment in public-resource computing. Communications Of The ACM, 2002, 45 （11）: 56-61.

[8]　Thain D, Tannenbaum T, Livny M. Distributed computing in practice: the Condor experience. Concurrency and Computation-Practice & Experience, 2005, 17 （2-4）: 323-356.

[9]　Open Grid Forum. http://www.ogf.org/.

[10]　The Open Grid Services Architecture, Version 1.0. http://www.ogf.org/documents/GFD.30.pdf.

[11]　Open Grid Services Infrastructure （OGSI） Version 1.0. http://globus.org/toolkit/draft-ggf-ogsi-gridservice-33_2003-06-27.pdf.

[12]　Foster I, Kesselman C, Nick J M, et al. The Physiology of the Grid: An Open Grid Services Architecture for Distributed Systems Integration. http://www.globus.org/alliance/publications/papers/ogsa.pdf.

[13]　OASIS. http://www.oasis-open.org/.

[14]　The WS-Resource Framework. http://www.globus.org/wsrf/specs/ws-wsrf.pdf.

[15]　王永剑, 钱德沛.中国国家网格 GOS 与欧盟 e-Science 网格 glite 的互操作. 科研信息化技术与应用, 2008, 1(1): 41-49.

[16]　邹德清, 邹永强, 羌卫中, 等. 网格安全互操作及其应用研究. 计算机学报, 2010, 33(3): 514-525.

[17]　Armbrust M, Fox A, Griffith R, et al. Above the clouds: A Berkeley view of cloud computing. Technical Report No. UCB/EECS-2009-28, University of California at Berkeley, 2009.

[18]　Buyya R, Yeo CS, Venugopal S, et al. Cloud computing and emerging IT platforms: Vision, hype, and reality for delivering computing as the 5th utility. Future Generation Computer Systems 2009, 6: 599-616.

[19]　Dikaiakos M D, Katsaros D, Mehra P, et al. Cloud computing: Distributed Internet computing for IT and scientific research. IEEE Internet Comput 5, 2009, 10-13.

[20]　Leavitt N. Is Cloud Computing Really Ready for Prime Time? IEEE Computer, 2009: 15-20.

[21]　http://www.EGI.eu/.

[22]　Jiang J L, Yang G W. Examining cloud computing from the perspective of grid and computer-supported cooperative work //Antonopoulos N Gillam L. Cloud Computing: Principles, Systems and Applications. London: Springer Verlag, 2010: 63-76.

[23]　Foster I, Zhao Y, Raicu I, et al. Cloud computing and grid computing 360-Degree compared //Proc Grid Computing Environments Workshop. IEEE Computer Society Press, 2008.

第 2 章

五层沙漏结构

在第 1 章中介绍了网格技术的历史、发展现状、面临的挑战等。从本章开始，将介绍网格系统的构建技术，也就是网格的体系结构。网格体系结构是网格的骨架和灵魂，是网格最核心的技术，只有建立合理的网格体系结构，才能够设计和建造好网格，才能够使网格有效地发挥作用。

2.1 网格体系结构

体系结构，亦称系统结构，对应的英文名称为 system architecture，是一种概念模型，它定义了一个系统的构成、行为及其他一些视图[1]。根据维基百科的描述[2]，一个系统的结构由系统组件 (component) 及其外部可见的属性，以及它们之间的关系组成。根据百度百科的描述[3]，系统结构是从系统目的出发按照一定规律组织起来的、相互关联的系统元素的集合，这里的元素是指从研究系统的目的来看不需要再加以分解和追究其内部构造的基本成分。换句话说，系统结构研究的对象是系统内部各组成要素之间的相互联系、相互作用的方式或秩序，即各要素在时间或空间上排列和组合的具体方式。系统结构主要关心两类接口：一种是构成系统的各组件之间的内部接口，另外一种是系统与外部环境之间的接口。

网格作为一个系统，也拥有自己的体系结构。实际上，前面所提到的网格的种种优势特征，正是网格的体系结构赋予它的。网格体系结构是关于如何建造网格的技术，按照上面的描述，网格体系结构包括对网格基本组成部分和各部分功能的定义和描述、网格各部分相互关系与集成方法的规定、网格有效运行机制的刻画。网格是一个复杂的系统，既涉及硬件，也涉及软件，因此网格的基本组成部分既有硬件，也有软件，其中硬件包括各种服务器、存储装置、网络设备等，它们构成了网格的硬件基础，提供了网格运行和对外服务所必需的硬件资源；软件则包括操作系统、数据库、网格中间件、应用软件等，它们构成了网格的软件基础。网格各部分的相互关系除了包括硬件之间的连接关系 (如 CPU 和服务器之间的关系、服务器与网络设备及网络设备之间的关系等)，软件之间的依赖关系 (如网格中间件对操作系统的依赖、应用软件对运行环境的依赖、网格中间件内部各组件之间的依赖），还包括软硬件之间的映射关系，对于网格而言，这种映射关系十分重要，能够反映资源与虚拟组织之间的归属关系，资源与实体组织之间的对应关系，硬件对应用的支撑关系，应用对资源的使用关系及网格软件对硬件的管理关系等。

随着网格计算研究的深入，人们越来越发现网格体系结构的重要性。迄今为止，科研工作者已经提出并实现了若干种合理的网格体系结构。在这一章中我们介绍网格的五层沙漏结构，在后续的章节中，我们将介绍其他体系结构。

2.2　沙漏结构的基本理念

五层沙漏结构是由 Ian Foster 等在网格发展的早期阶段（2001 年之前）提出的一种具有代表性的网格体系结构，它之所以被称为沙漏结构是因为它的设计遵循了沙漏模型的原则[4]。关于沙漏模型的描述见于参考文献[5]的第二章"开放数据网络"。为了便于读者更好地理解沙漏模型背后的驱动力，下面我们就对开放数据网络及其设计原则与目标进行一个简单的介绍。

开放数据网络是为构建国家信息基础设施而提出的，它是一个能够承载各种信息服务的网络，这些服务可以来自各种各样的供应商，穿过各种各样的网络服务供应商，最终投递给各种各样的用户。电话系统是开放数据网络的一个典型例子。为了实现上述目标，开放数据网络的基本设计原则包括如下四项。

（1）对用户开放。不会强迫用户加入封闭群组，不会拒绝用户对社会特定部门的访问，为用户提供如同电话系统那样的普遍连接性。

（2）对服务供应商开放。开放数据网络应该提供一个开放可用的环境以便使用者进行商业或知识产权方面的竞争。例如，它不能杜绝信息提供商之间的接入竞争。

（3）对网络供应商开放。对任何的网络供应商而言，开放数据网络都能够满足他们的基本需求——将自己的网络附加到其中，成为整个互联网络的一部分。

（4）对变化开放。其包括两个层面：一是能够应对应用和服务的变化，也就是说新的应用和服务可以随着时间的推移不停地加入网络中；二是允许引入新的传输、交换和控制技术。

对应上述原则，开放数据网络设定了如下的设计目标。

（1）技术的独立性。开放数据网络不能与任何网络实现技术绑定，其定义应该通过它所提供的服务而不是服务的实现方式来描述。这样做的目的是确保开放数据网络随着新技术的发展仍然可用。开放数据网络应该做到既能基于电话系统技术，也能基于线缆技术实现，能够同时运行在有线和无线介质之上；既可以在本地范围，也可以在远程范围运行。

(2)可扩展性。开放数据网络必须能够扩展到全球范围,这就对它的基本功能(如寻址和交换)及操作(如网络管理)提出了新的要求。此外,它必须对诸如移动电脑和无线网络之类的新的或即将出现的模块提供支持。最后,为了向所有的用户提供服务,开放数据网络必须提供到用户或企业的物理连接;考虑到用户设备数量的增长,网络必须能够容纳大量的设备。

(3)分布式操作。由于整个网络由不同供应商运维的多个区域组成,控制、管理、操作、监控、测量、维护等也必须是分布式的。这就需要一个相应的框架用于不同部分之间的交互,这一框架必须是鲁棒的,能够支持互不信任的供应商之间的协作。

(4)合适的架构与支撑标准。由于网络的不同部分由不同的、有可能存在竞争的组织构建,所以必须精心定义各部分之间的接口以确保它们安装之后能够进行正常交互。另外,这一架构必须能够应对变革与演化。

(5)安全性。对于开放网络而言,只有确保安全性之后,用户才会使用它。

(6)网络服务供应的灵活性。这样做的目的是尽可能地增加网络的价值,提高资源的使用效率,同时满足用户的更多需求。

(7)容纳异构性。这是由开放数据网络的通用性所决定的,它必须能够与大量的网络和终端节点设备一起工作。

(8)便于计费与成本回收。这样做的目的是提供一个好的商业模型,促进网络的可持续发展。

网格的目标也是成为一种信息基础设施,因此其遵循开放数据网络的设计原则也是一件自然而然的事情。图 2-1 是改写自文献[6]的网格沙漏结构,它根据网格中各组成部分与共享资源的距离,将对共享资源进行操作、管理和使用的功能分散到五个不同的层次,由下至上分别为构造层(Fabric Layer)、连接层(Connectivity Layer)、资源层(Resource Layer)、汇聚层(Collective Layer)和应用层(Application Layer)。

沙漏结构的出发点是用户或应用对于网格的需求,即支持有效的虚拟组织操作,包括共享关系的构建、管理与使用等。由于虚拟组织是动态的,涉及多个参与者(实体组织),所以对虚拟组织的支持需要我们能够在任何(潜在的)参与者之间建立共享关系。因此互操作性也就成为网格技术所要考虑的核心问题。在一个网络环境中,互操作通常意味着共同的协议,因此,五层沙漏结构在本质上是一种协议架构[5],其中的协议定义了虚拟组织的用户和资源之间进行协商、建立、管理以及利用共享关系的基本机制。

五层沙漏结构的设计原则就是要保持参与的开销最小,即作为基础的核心协议较少,类似于操作系统内核,以方便移植。另外,沙漏结构管辖多种资源,允许局部控制,可用来构建高层的、特定领域的应用服务,支持广泛的适应性。沙漏结构内在的含义就是各部分协议的数量是不同的，对于其最核心的部分，要能够实现上层各种协议向核心协议的映射，同时实现核心协议向下层各种协议的映射，核心协议在所有支持网格计算的地点都应该得到支持，因此核心协议的数量不应该太多，这样核心协议就形成了协议层次结构中的一个瓶颈。在五层结构中，资源层和连接层共同组成了瓶颈部分，使得该结构呈沙漏形状。

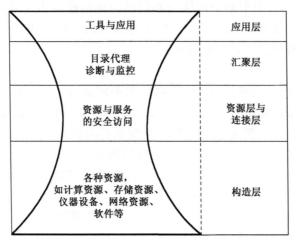

图 2-1　网格的沙漏结构

　　图 2-2 给出了五层沙漏结构与因特网协议结构的对比。由于因特网协议结构也涉及从网络到应用的多个层次，所以在二者之间具有一定的映射关系，但这种关系并不是一一对应的。粗略说来，网格的构造层对应于因特网的链接层；网格的资源层和连接层对应于因特网的传输层和网络层，它们均是各自所属结构的瓶颈；网格的应用层和汇聚层对应于因特网的应用层。

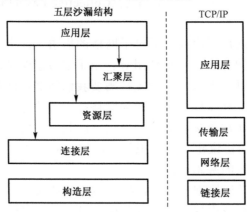

图 2-2　网格的沙漏结构

五层沙漏体系结构的影响十分广泛，它的特点就是简单，主要侧重于定性的描述而不是具体的协议定义，因而容易从整体上进行理解。此外，除了协议本身，五层沙漏体系结构还强调服务、应用编程接口(application programming interface, API)和软件开发工具(software development kit, SDK)的重要性。

2.3　沙漏结构详述

五层沙漏结构中，各个层次的功能特点分别描述如下。

2.3.1　构造层

构造层向上提供了访问共享资源的接口，其目的是实现局部资源的控制。这里的资源是非常广泛的，包括但不限于计算资源、存储系统、目录、网络资源及传感器等，它可以是物理资源，也可以是逻辑实体(如分布式文件系统、计算机集群、分布式计算机池等)。对于资源是逻辑实体的情形，资源的实现可以采用与网格体系无关的内部协议。

构造层组件提供了资源特定的局部操作。构造层所实现的功能与所能支持的共享操作之间具有较强的依赖关系——构造层所能提供的功能越丰富，则构造层资源可以支持的高级共享操作就越多，例如，如果资源层支持提前预约功能，则很容易在高层实现资源的协同调度服务，否则在高层实现这样的服务就会有较大的额外开销。但另一方面，构造层提供更多的功能意味着网格基础设施的部署会变得复杂。因此，作为折中，构造层所能提供的功能至少应包括查询机制(发现资源的结构、状态、能力等信息)和资源管理机制(用于控制服务质量)，具体到各种资源类型上说明如下。

(1)计算资源：必需的机制包括运行程序、监控和控制程序的执行。能够控制资源分配及资源预留的管理机制是有用的。另外，需要用于确定软硬件特性及状态的查询功能。

(2)存储资源：需要文件的存取机制。第三方和高性能的数据传输、读写文件的部分数据，以及远程进行数据的选取及删减等功能是有用的。管理机制中，用于控制传输资源分配及资源预留的机制是有益的。同样，需要查询功能来确定软硬件特性及负载信息。

(3)网络资源：需要提供控制网络传输资源分配的管理机制，以及确定网络特性及负载的查询功能。

(4)代码库：这是一种特殊的存储资源，它需要版本管理机制。

(5)目录：这是一种特殊的存储资源，它需要目录查询及更新机制。

2.3.2　连接层

连接层的目标是保证网格网络事务处理过程中通信的简单性和安全性，为实现这一目标，它定义了核心的通信和认证协议，其中通信协议使得在构造层的资源之间进行数据交换成为可能，而认证协议则是建立在通信服务之上，它提供基于密钥的安全机制来对用户和资源的标识进行验证。

通信需要传输、路由、命名等功能。在五层沙漏结构中，这些协议大部分是从 TCP/IP 协议栈中抽取出的，具体的层次涉及网络层(IP 和 ICMP)、传输层(TCP、UDP)和应用层(DNS、OSPF、RSVP 等)。需要指出的是采用 TCP/IP 协议并不意味着排斥其他通信协议，用户完全可以根据需要引入其他考虑到网络动态特性类型的新协议。

认证协议应该提供的功能包括单点登录、委托、与局部安全方法的集成、基于用户的信任机制。由于安全问题的复杂性，所以认证协议应该尽可能基于已有的标准。除了认证之外，网格安全解决方案还应该提供对通信保护的灵活支持。

2.3.3　资源层

资源层的主要目标是实现对单个资源的共享。为了实现这一目标，它在连接层的通信和认证协议之上定义了包括安全协商、初始化、监视、控制、记账及计费等在内的协议(也包括 API 和 SDK)。需要指出的是，资源层的这些协议完全是针对单个资源的，而诸如全局状态和跨越分布资源集合的原子操作之类的问题则被忽略了。

资源层最主要的两类协议：一是信息协议，二是管理协议。具体说明如下。

(1)信息协议用于获取资源的结构和状态等信息，如资源配置、当前负载和使用策略等。

(2)管理协议用于协商对共享资源的访问，指定资源需求(包括事先预留和服务质量)和要进行的操作(如进程创建、数据访问等)。由于管理协议负责共享关系的初始化，所以它们当仁不让地成为策略应用点，用来确保用户所请求的协议操作与资源共享的策略相一致。管理协议还必须考虑记账和付费等问题。另外，这一层还可以包含一个用来监测操作状态和对操作进行控制的协议。

尽管在这一层次人们可以设想众多类似的协议，但考虑到资源层是沙漏结构的瓶颈所在，相应的协议数量应该尽可能少，并且保持聚焦。在选择这些协议的时候，我们应该考虑到那些能够应用于多种不同资源类型的最基本的机制，而不是纠缠于高层所能够开发出的协议类型或性能。

2.3.4 汇聚层

与资源层只关注局部单一的资源不同，汇聚层具有全局意义，其主要目标是刻画多种资源之间的交互，这也是它获得这一名字的原因所在。由于汇聚层构建在资源层和连接层所组成的协议瓶颈之上，它无需对底层的共享资源提出新的要求就能实现多种多样的共享行为。

人们在实践过程中经常遇到的汇聚层协议和服务列举如下，它们有的是比较通用的，有的则是高度特定于应用或领域的。

(1) 目录服务，用于虚拟组织的参与者确定资源是否存在或发现资源的属性。目录服务允许它的用户通过名字或属性(如类型、可用性、负载等)来检索资源。

(2) 协同分配、调度和代理服务，用于虚拟组织的参与者请求完成一个或多个资源的分配，以及把任务调度到合适的资源上。

(3) 监控和诊断服务，用于监测虚拟组织的资源以确定故障(Failure)、入侵(Intrusion)、过载(Overload)等情况。

(4) 数据复制服务，用于管理虚拟组织的存储(也许还包括网络和计算)资源，使得数据访问性能按照某种度量(如响应时间、可靠性、成本等)达到最大化。

(5) 网格使能的编程系统，使得人们所熟悉的编程模型能够应用到网格环境中，人们能够利用多种网格服务解决资源的发现、安全性、资源的分配等问题。

(6) 工作负载管理系统与协作框架，也称为问题解决环境(problem solving environments, PSE)，用于描述、使用和管理异步的、涉及多个步骤和组件的工作流。

(7) 软件发现服务，主要功能是根据所要解决的问题的参数，发现并选择出最优的软件实现和执行平台。

(8) 社区(community)授权服务器，用于增强管理资源访问的社区策略(policy)，提供社区成员能够用来访问社区资源的能力。

(9) 社区记账与支付服务，用于收集资源的使用信息，目的是进行记账和费用核算，或者是限定社区成员对资源的使用。

(10) 协同实验室(Collaboratory)服务，用来在一个由大量用户构成的社区内进行协调的信息交换。

最后，我们需要指出的是，汇聚功能既可以实现为一个带有自己协议的持久服务，也可以实现为与应用连接的 SDK(带有自己的 API)。

2.3.5 应用层

应用层由运行在虚拟组织环境中的用户应用组成。从网格体系结构的角度来看，应用可以通过调用任一层次上定义的服务来构建完成。在每一个层次上，都有预先定义的协议，这些协议提供了对资源管理、数据存取、资源发现等服务的访问。在每一个层次上，我们还可以定义 API，在实现时，这些 API 通过与合适的服务交换协议信息来完成期望的动作。

参 考 文 献

[1] Jaakkola H, Thalheim B. Architecture-driven modelling methodologies. Proceedings of the 2011 conference on Information Modelling and Knowledge Bases XXII, 2011: 97-116

[2] http://en.wikipedia.org/wiki/Systems_architecture.

[3] http://baike.baidu.com/view/591160.htm.

[4] Foster I, Kesselman C, Tuecke S. The anatomy of the grid: Enabling scalable virtual organizations. International Journal of Supercomputing Applications, 2001, 15(3): 200-222.

[5] Nrenaissance Committee. Realizing the Information Future: The Internet and Beyond. Washington, D. C.: National Academy Press, 1994.

[6] Foster I. The grid: A new infrastructure for 21st century science. Physics Today, 2002, 55(2): 42-47.

第 3 章

开放网格服务架构

开放网格服务架构(OGSA)是在五层沙漏结构的基础上，结合 Web 服务技术提出来的一种具有广泛影响力的网格体系结构。OGSA 的基本思想是以服务为中心，面向服务思想的引入简化了网格资源之间的访问界面和协议，方便了资源之间的互操作[1]。在这一章中，我们就对 OGSA 进行详细的介绍。由于服务是 OGSA 的基础，我们首先来看一下面向服务的架构(service-oriented architecture, SOA)和 Web 服务。

3.1   SOA

SOA 并不是一种现成的技术，而是一种应用架构模型，它可以通过网络按需对松散耦合的粗粒度应用组件(也就是服务)进行分布式部署、组合和使用。SOA 的核心是服务，按照 W3C 给出的定义[2]，服务是一种表示任务执行能力的抽象资源，无论是从提供者还是请求者实体的角度来看，服务都提供连贯的功能。

3.1.1   概念辨识

对于什么是 SOA，不同的厂商或个人有着不同的理解，下面列出了一些具有代表性的描述。

Service-architecture.com 认为[3]，SOA 本质上是一组服务的集合。这些服务之间彼此通信，这种通信既可以是简单的数据传送，也可能是两个或更多的服务协调进行某些活动。为了进行通信，服务间需要某些方法进行连接。Service-architecture.com 同时指出，SOA 并不是一种新事物，早期的分布式组件对象模型(DCOM)和基于 CORBA 规范的对象请求代理 ORB 都属于 SOA 的范畴。

Looselycoupled.com 将 SOA 定义为一个按需连接资源的系统[4]。在 SOA 中，资源被作为独立的服务提供给网络中的其他参与者，这些服务可通过标准的方式进行访问。与传统的系统结构相比，SOA 提供了资源间更为灵活的松散耦合关系。

Gartner 对 SOA 的描述[5]是：SOA 是一种能够帮助信息技术满足业务需求的设

计范式或学科。使用 SOA 能够为企业组织带来巨大的好处，包括更快的上市时间（time to market）、更低的成本、更好的应用一致性和增强的柔性（agility）。SOA 减少了冗余，增加了可用性、可维护性和价值。利用 SOA 可以构建出更加易于使用和维护的模块化、可互操作的系统，这些系统能够增强业务柔性，减少总体成本。

虽然不同厂商或个人对 SOA 有着不同的理解，但是从众多的定义中，我们仍然可以看到 SOA 的几个关键特性：松散耦合，以服务为基本单位，服务之间通过简单、精确定义的接口进行通信，不涉及底层的编程接口和通信模型，换句话说，服务的接口是与平台无关的。

3.1.2　架构描述

图 3-1 给出了 SOA 的基本架构描述，这里我们之所以称其为基本架构是为了与文献[6]、[7]中提到的扩展架构相区别。在基本的 SOA 架构中，围绕服务，实体的角色被划分成三类，即服务使用者、服务提供者和服务注册中心，它们的作用说明如下。

（1）服务使用者。服务使用者可以是一个应用程序、一个软件模块或需要服务的另一个服务。它发起对注册中心中服务的查询，通过传输绑定服务，并且执行服务功能。服务使用者根据接口契约来执行服务。

（2）服务提供者。服务提供者是一个可通过网络寻址的实体，它接受和执行来自使用者的请求。它将自己的服务和接口契约发布到服务注册中心，以便服务使用者可以发现和访问该服务。

（3）服务注册中心。服务注册中心是服务发现的支持者。它包含一个可用服务的存储库，并允许感兴趣的服务使用者查找服务提供者接口。

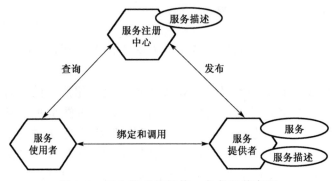

图 3-1　面向服务的架构：角色及其交互

3.1.3　服务的类型与接口

根据服务的使用场景，SOA 中的服务可粗略分为以下几种类型。

（1）数据访问服务，这是 SOA 架构中最常见的、使用最广泛的，同时也是最容易实现的服务，它允许用户访问、集成、翻译及转换整个企业的各种关系型和非关系型的数据资源。服务方式隐藏了对资源的直接访问，隐藏了基本格式的复杂性，也隐藏了数据的直接转换和操纵。数据访问服务通常对外提供一套统一的 API 和一个公共的数据模型，能够实现信息的重用。

（2）组件服务是一种粗粒度服务，它实现了对可重用的业务功能（如向 ERP 系统中添加客户）的封装。组件服务被认为有足够的价值，可作为一个单一的企业资源来发布。组件服务可以用分布式计算技术（如 J2EE EJB、COM/DCOM 以及 CORBA）来实现。

（3）业务服务用于执行一个或多个业务操作，通常由多个应用程序的多个业务事务处理构成。业务服务可以是端到端的业务流程（如雇佣新员工），也可以是一个更大的业务上下文的一部分。

（4）企业的基础架构服务。SOA 所提供的最大的价值在于它能够通过重用现有的服务快速一致地合成应用程序。基础架构服务包括共享的应用程序服务、消息和代理服务、门户服务和共享的业务服务。

一个服务有两部分：接口和实现，其中实现部分含有该服务的功能性的或业务性的逻辑，对于服务消费者来说，实现部分就是一个"黑箱"，具体的实现细节完全透明；接口部分刻画了消费者和提供者之间的程序性的访问约定，含有该服务的身份、该服务的输入和输出数据的细节，以及与该服务的功能和目标有关的元数据。实现与接口的分离是 SOA 架构的特色与优势之一，正是由于二者的分离，只要保证服务的对外接口不发生变化，服务提供者可以自由地进行服务实现的升级或改进，可以自由地选择服务实现所采用的框架或编程语言。

根据上面的描述，我们可以看出，"接口"的概念对于 SOA 的成功非常关键。在实际应用过程中，接口主要包括如下几类。

（1）抽象接口：定义一组公共方法签名，它按照逻辑分组但是不提供实现。抽象接口定义服务的请求者和提供者之间的契约。接口的任何实现都必须提供所有的方法。

（2）已发布接口：一种可唯一识别和可访问的接口，客户端可以通过注册中心来发现它。

（3）公共接口：一种可访问的接口，可供客户端使用，但是它没有发布，因而需要关于客户端部分的静态知识。

（4）双接口：通常是成对开发的接口，这样，一个接口就依赖于另一个接口。例如，客户端必须实现一个接口来调用请求者，因为该客户端接口提供了某些回调机制。

3.1.4　SOA 的特点

作为应用体系结构发展的最新阶段，SOA 提供了许多传统方法(如分布式组件架构)所没有的优点，这些优点使得它成为适应满足业务流程协作与集成的比较理想的体系结构。具体而言，SOA 的特性有六点。

(1)松散耦合。松散耦合消除了对系统两端进行紧密控制的需要，这是 SOA 与其他大多数组件架构的最大区别。松散耦合背后的关键点是服务接口作为与服务实现分离的实体而存在，如此一来，服务使用者和服务提供者在服务实现和服务使用方面隔离开来。基于良好定义的接口，服务提供者和消费者可以独立进行开发。由于实现的细节被隐藏了起来，服务提供者可以更改服务中的业务逻辑、数据或消息版本，而不会对使用者造成影响。

(2)可重用的服务。由于服务是在目录中发布并且在整个网络中都可用，所以它们变得更加容易被发现和重用。如果某个服务不能被重用，那么它可能根本不需要服务接口。为了不同的目的再次将服务组合，这种方式也可以实现服务的重用。服务重用避免了重复开发，同时提高了实现中的一致性。需要指出的是，要实现服务的重用，在设计过程中必须遵循可重用的原则，采用通用格式提供重要的业务功能，否则应用的灵活性得不到根本性的提高。

(3)支持多种调用方式。服务的调用既可以是同步的，也可以是异步的。同步服务调用可为请求提供立即响应，对于要求实时响应的应用程序(如 Portal 或 Query)来说是至关重要。在同步服务调用中，调用方进行调用、传递所需的参数、中断并等待响应。在异步服务调用中，调用方向消息收发服务发送一个包含完全上下文的消息，收发服务将该消息传递给接收者。接收者处理该消息并通过消息总线向调用方返回响应。在消息处理的过程中，调用方不会中断。这种方法具有高度可伸缩性，不会受处理延迟的负面影响，也不会受异步服务执行中所存在问题的负面影响。

(4)支持各种消息模式。SOA 中不同服务之间的交互通常是通过消息来完成的，常用的消息模式包括无状态消息、有状态消息和等幂消息。①在无状态消息模式中，使用者向提供者发送的每条消息都必须包含提供者处理该消息所需的全部信息，这一限定使服务提供者无须存储使用者的状态信息，从而更易扩展。②在有状态的消息模式中，使用者与提供者共享使用者的特定环境信息，虽然这样做使得提供者与使用者之间的通信更加灵活，但服务提供者必须存储每个使用者的共享环境信息，因此其整体可扩展性明显减弱。③在等幂消息模式中，向软件代理发送多次重复消息的效果和发送单条消息相同，这样在出现故障时，提供者和消费者只要重发消息即可，从而改进服务可靠性。

(5)支持多种服务粒度。根据所能提供的业务功能不同，服务可以是细粒度的，也可以是粗粒度的。细粒度服务实现最小的功能,同时消耗并返回最小量的数据。细粒度服务可以用 Web 服务来实现,也可以利用基于 RMI、.NET 或 CORBA 的分布式对象来实现。细粒度服务的优点是可在粒度级实施严格的安全和访问策略,实现和单元测试很简单,而且相互独立。粗粒度服务比细粒度服务实现更多的功能,并消耗不同数量的结构化数据或消息。它们返回类似的数据或消息,可能还含有内嵌的上下文。粗粒度服务不需要通过网络多次调用来提供有意义的业务功能。

(6)支持"组合式"快速开发。由于服务是可重用的,因此开发人员可以根据新的需求将已有的应用程序逻辑和事务处理进行再次装配或编排,形成新的产品,这简化了异构系统的集成,提高了开发的效率。基于 SOA 构建的所有应用程序所使用的公共服务称为共享的基础架构服务。使用共享的基础架构来提供公共服务可以避免每一个应用程序构建类似的服务。使用共享的基础架构服务可提供一致性,并允许单点管理。最后,新组合出来的功能也可以作为服务对外提供,再次参与其他的组合过程,这就为渐进式开发奠定了基础。

3.2　Web 服 务

SOA 与 Web 服务之间具有天然的联系,但 SOA ≠ Web 服务。SOA 为基于服务的分布式系统提供了概念性的设计模式,而 Web 服务则是软件的具体实现技术。由于 Web 服务是基于通用工业标准的,来自不同厂商的 Web 服务即使运行在不同的平台上,底层的实现机理不同也可以顺利交互,这是以前的任何一种技术,如 CORBA、EJB 或 DCOM 都不能做到的。因此,Web 服务是目前最适合实现 SOA 的技术。与 Web 服务相关的 3 个核心标准分别是 SOAP(Simple Object Access Protocol,即简单对象访问协议)、WSDL(Web Services Description Language,即 Web 服务描述语言)和 UDDI(Universal Description, Discovery and Integration,即通用描述、发现和集成),其中 SOAP 用于服务请求者和服务提供者之间的交互,WSDL 用于服务的描述,UDDI 用于服务的注册与发现。这三个标准的具体情况说明如下。

3.2.1　SOAP

SOAP 是 Web 服务的通信协议或规范,用来定义消息的 XML 格式。该协议最初出现在 1998 年,由 Dave Winer、Don Box、Bob Atkinson 和 Mohsen Al-Ghosein 为微软而设计。2000 年 5 月,UserLand、Ariba、Commerce One、Compaq、Developmentor、HP、IBM、IONA、Lotus、Microsoft 及 SAP 向 W3C 提交了 SOAP 协议,这些公司期望此协议能够通过使用因特网标准(HTTP 及 XML)把图形用户界面桌面应用程序连接到强大的因特网服务器,以此来彻底变革应用程序的开发。

这就是 SOAP 1.1。我们现在使用的是 SOAP 1.2，它于 2003 年 6 月成为 W3C 的推荐标准。需要指出的是， SOAP 这一缩写与 SOA 很容易混淆，为了避免误解，从 1.2 版本开始 W3C 已经停止使用 SOAP 这一缩写。为了叙述上的便利，我们这里仍然采用缩写形式。

SOAP 规范规定了消息交换的框架，它包括四部分的内容。

(1) SOAP 处理模型，它是一个分布式的处理模型，规定了消息接收者如何对一条 SOAP 消息进行处理。该模型假定 SOAP 消息由初始 SOAP 发送者发出，中间经过 0 个或多个 SOAP 中介，最后到达最终的 SOAP 接收者。虽然 SOAP 消息在本质上是单向的，但 SOAP 处理模型支持多种消息交换模式。

(2) SOAP 可扩展性模型，描述了扩展 SOAP 功能的机制，能够用来增加新的能力。SOAP 自身只提供了简单的特性，通过扩展，人们可以实现诸如可靠性、安全性、消息关联、消息路由、请求/响应或对等消息交换模式。

(3) SOAP 的底层协议绑定框架，描述了进行协议绑定的相关规则，只有与具体的协议绑定之后，不同的 SOAP 节点之间才能进行消息交换。目前有 Email(SMTP) 和 HTTP 两种绑定方式。

(4) SOAP 消息构成，定义了 SOAP 消息的结构，具体描述如下。一条 SOAP 消息就是一个普通的 XML 文档，图 3-2 是一条 SOAP 消息的示例，它主要包含三部分的内容：消息信封(Envelope)、消息头(Header)和消息体(Body)。消息信封用于指示所给的 XML 文档是一条 SOAP 消息，它位于消息的最外层。消息头和消息体位于信封内部，其中消息头提供了模块化、离散式扩展 SOAP 消息的机制，是可选的；消息体包含了需要传送给最终 SOAP 接收者的信息，是 SOAP 消息中必不可少的部分。这三部分元素都有自己的属性，受篇幅所限，这里不再赘述，详情请参见文献[8]。

```
<env:Envelope xmlns:env="http://www.w3.org/2003/05/soap-envelope">
 <env:Header>
  <n:alertcontrol xmlns:n="http://example.org/alertcontrol">
   <n:priority>1</n:priority>
   <n:expires>2001-06-22T14:00:00-05:00</n:expires>
  </n:alertcontrol>
 </env:Header>
 <env:Body>
  <m:alert xmlns:m="http://example.org/alert">
   <m:msg>Pick up Mary at school at 2pm</m:msg>
  </m:alert>
 </env:Body>
</env:Envelope>
```

图 3-2　SOAP 消息示例[8]

3.2.2　WSDL

　　WSDL 是一种基于 XML 的接口描述语言,用于描述 Web 服务所提供的功能,涉及服务的调用方式、期望的输入参数及返回的数据结构等内容。WSDL 最初由 IBM、Microsoft 和 Ariba 在 2000 年 9 月开发完成,用作它们的 SOAP 工具包中的 Web 服务描述语言。2001 年 3 月,WSDL 1.1[9, 10]被 IBM 和 Microsoft 提交到 W3C,作为一条 W3C 记录(note)正式对外发布。2002 年 7 月,W3C 发布 WSDL 1.2 工作草案(working draft)。2007 年 6 月,WSDL 2.0 成为 W3C 的推荐标准。与之前的版本相比,WSDL 2.0 有了重大的改变,图 3-3 给出了 WSDL 1.1 和 WSDL 2.0 中的概念比较。虽然 WSDL 2.0 提供了对于表示式状态转移模式(representational state transfer, REST)Web 服务的更好支持,更加易于实现,但目前支持它的工具还比较少,因此我们仍将以 WSDL 1.1 为例介绍其中的概念。

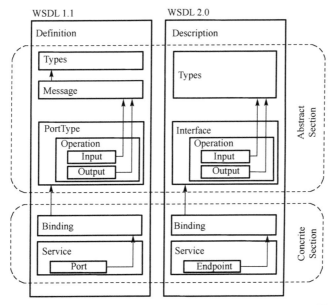

图 3-3　WSDL 1.1 和 WSDL 2.0 文档中概念的表示与对比[9]

　　在 WSDL 1.1 中,Web 服务被描述成能够进行消息交换的服务访问点的集合,一个 Web 服务的描述通常会用到以下元素。

　　(1) Types,是一个数据类型定义的容器,包含了所有在消息定义中需要的 XML 元素的类型定义。为了最大程度的平台中立性,WSDL 一般使用 XMLSchema 中定义的数据类型。

　　(2) Message,定义了在通信中使用的消息的数据结构,由一个或多个 Part 组成,每个 Part 都会引用一个在数据类型定义容器中定义的数据类型来表示它的结构。

(3) PortType，定义了一组服务访问入口的类型，所谓的访问入口的类型就是传入/传出消息的模式及其格式。一个 PortType 可以包含若干个 Operation，每个 Operation 都描述了访问入口支持的一种类型的调用。WSDL 1.1 中支持的调用模式有四种，即单向(one-way，端点接收消息)、请求-响应(request-response，端点接收消息，然后发送相关的消息)、要求-响应(solicit-response，端点发送消息，然后接收相关的消息)、通知(notification，端点发送消息)。

以上三种结构构成了 Web 服务描述的抽象部分，这三部分与具体 Web 服务的部署细节无关，是可复用的描述(每个层次都可以复用)。从对象描述语言的角度来看，这部分描述了对象的接口标准，但是到底对象是用哪种语言实现，遵从哪种平台的细节规范，被部署在哪台机器上则由后面的元素进行描述，它们构成了 Web 服务描述的具体部分。

(4) Binding，定义了某个 PortType 与哪一种具体的网络传输协议或消息传输协议相绑定，显然这与具体的服务部署相关，比如可以将 PortType 与 SOAP/HTTP 绑定，也可以将 PortType 与 MIME/SMTP 相绑定等。

(5) Service，是一个相关服务访问点的集合，描述了一个具体的被部署的 Web 服务所提供的所有访问入口的部署细节。一个 Service 往往会包含多个服务访问入口，而每个访问入口都会使用一个 Port 元素来描述。Port 描述中包含通过哪个 Web 地址(URL)来访问，应当使用怎样的消息调用模式来访问等内容。

3.2.3　UDDI

SOAP 解决了与 Web 服务交互的问题，WSDL 解决了 Web 服务的描述问题，而要使用一个 Web 服务，前提是我们必须能够找到它，UDDI 就是用来完成该项工作的。UDDI 的作用就是充当 Web 服务的"黄页"。与传统的黄页一样，使用者可以搜索提供所需服务的公司，阅读以了解所提供的服务，然后与某人联系以获得更多信息。当然，服务提供者也可以提供 Web 服务而不在 UDDI 中注册，这种情况下它需要其他方式让人们知道服务的存在。

UDDI 是一个基于 XML 的跨平台的描述规范，可以使全世界范围内的企业在互联网上发布自己所提供的服务，可以使企业在互联网上互相发现并且定义业务之间的交互。UDDI 是一个分布式的互联网服务注册机制，它集描述、检索与集成于一体，其核心是注册机制。UDDI 列表保存在 UDDI 注册中心。每个列表可以包含以下三部分内容。

(1) 白页：记录提供服务的有关企业的基本信息，如名称、地址、联系方式等。

(2) 黄页：提供基于标准分类(如 North American Industry Classification System 和 Standard Industrial Classification)的服务目录。

(3) 绿页：与服务相关联的绑定信息，以及指向这些服务所实现的技术规范的引用，基于这些信息，用户就能够编写应用程序以使用 Web 服务。

服务的定义是通过一个称为 tModel（技术模型）的 UDDI 文档来完成的。多数情况下，tModel 包含一个 WSDL 文件，用于说明访问 Web 服务的 SOAP 接口，但是 tModel 非常灵活，可以说明几乎所有类型的服务。UDDI 目录还包含若干种方法，可用于搜索构建应用程序所需的服务。例如，可以搜索特定地理位置的服务提供商或搜索特定的业务类型。之后，UDDI 目录将提供信息、联系方式、链接和技术数据，以便用户确定能满足需要的服务。

3.3　OGSA 的基本理念

OGSA 最基本的思想就是以"服务"为中心，在 OGSA 框架中，将一切抽象为服务，包括各种计算资源、存储资源、网络、程序、数据库等。OGSA 中的服务称为网格服务（Grid Service），它是一种 Web 服务，该服务提供了一组接口，这些接口的定义明确并且遵守特定的管理，解决了服务发现、动态服务创建、生命周期管理、通知等问题。这里需要指出的是，虽然网格服务也是一种 Web 服务，但它们之间还是有区别的，Web 服务面对的一般都是永久性服务，而在网格应用环境中，大量的是临时性的短暂服务，比如一个计算任务的执行等。

由于 OGSA 将一切都看作网格服务，所以网格就是可扩展的网格服务的集合。网格服务可以不同的方式聚集起来满足虚拟组织的需要，虚拟组织自身也可以部分地根据它们操作和共享的服务来定义。简单地说，网格服务＝接口/行为＋服务数据。图 3-4 是对网格服务的简单描述。

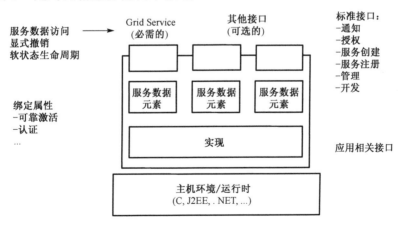

图 3-4　网格服务示意

OGSA 以服务为中心，具有如下好处。

网格中一切都是服务，通过提供一组相对统一的核心接口，所有的网格服务都基于这些接口实现，可以很容易地构造出具有层次结构的、更高级别的服务，这些服务可以跨越不同的抽象层次，以一种统一的方式来看待。

虚拟化使将多个逻辑资源实例映射到相同的物理资源上成为可能，在对服务进行组合时不必考虑具体的实现，可以底层资源组成为基础，在虚拟组织中进行资源管理。通过网格服务的虚拟化，可以将通用的服务语义和行为，无缝地映射到本地平台的基础设施之上。

3.4　结　构　示　意

OGSA 架构本身也经历了一个演化的过程。2002 年，　GGF 成立了 OGSA 和 OGSI（Open Grid Services Infrastructure）工作小组，正式宣告 OGSA 的起航。2002 年 6 月，OGSA 的首个版本，也就是所谓的 OGSA 1.0[11]正式对外发布。2005 年 8 月，OGSA 1.5 草案公布，2006 年 7 月，OGSA 1.5 最终版本[12]正式对外发表。图 3-5 给出了 OGSA 的早期架构，它由四个主要的层构成，从下到上依次是：①资源（包括物理资源和逻辑资源）；②Web 服务及定义网格服务的 OGSI 扩展；③基于 OGSA 架构的服务；④网格应用程序。OGSA 的后期架构与此类似，最大的不同在于随着 WSRF 的提出，OGSI 从 Web 服务层消失了，我们在后面会分析具体的原因。

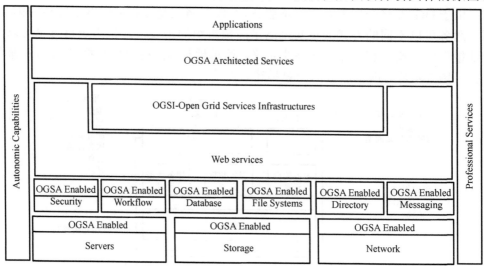

图 3-5　OGSA 的早期架构

OGSA 架构各层次的功能说明如下。

3.4.1　资源层

资源的概念是 OGSA 及通常意义上的网格计算的中心部分。OGSA 架构中的资源层既包括物理资源，也包括逻辑资源。对于物理资源而言，构成网格能力的资源并不仅限于处理器，而是包括服务器、存储器和网络等。物理资源之上是逻辑资源。它们通过虚拟化和聚合物理资源来提供额外的功能。通用的中间件（比如文件系统）、数据库管理员、目录和工作流管理人员，在物理网格之上提供这些抽象服务。

这里需要指出的是，资源层的资源通常是本地拥有和管理的，它们的配置和定制也都在本地完成，但它们可以被远程共享。这些资源来自多个源，变化的速度很快，因此它们的特性、服务质量、版本、可用性等也会存在较大的变动。

3.4.2　Web 服务层

Web 服务层是 OGSA 架构中的第二层。OGSA 有一条重要的原则，那就是所有的网格资源（逻辑的与物理的）都被建模为服务。尽管功能都以服务的形式对外提供，但正如我们前面已经指出的那样，网格服务和 Web 服务还是存在区别的，它们最大的区别体现在以下两个方面：

（1）与 Web 服务通常是永久性的服务不同，网格服务具有动态及可能瞬变的特性。在网格中，特殊的服务实例会随着工作的分派、资源的配置与供给及系统状态的变化而不断地产生和销毁。因此，网格服务需要接口来管理它们的创建、销毁及生命周期管理。

（2）Web 服务是无状态的，而网格服务是有状态的，它可以拥有与自身相关的属性和数据。

为了应对上述差异，满足网格服务的需求，OGSI 规范被提了出来。作为 OGSA 的核心规范，OGSI 1.0 版于 2003 年 7 月正式发布。为了解决具有状态属性的 Web 服务的问题，OGSI 对 Web 服务进行了扩展（具体请参见文献[13]），针对网格服务定义了一套标准化的接口，主要包括服务实例的创建、命名和生命期管理，服务状态数据的声明和查看，服务数据的异步通知，服务实例集合的表达和管理，以及一般的服务调用错误的处理等，后面我们会对这些接口作进一步的介绍。

OGSI 通过封装资源的状态、将具有状态的资源建模为 Web 服务的做法引起了"Web 服务没有状态和实例"的争议。具体到规范自身，OGSI 单个规范中涉及的内容太多，所有的接口和操作都与服务数据有关，缺乏通用性，而且 OGSI 规范没有对资源和服务进行区分；网格服务的描述语言 GWSDL 是对 Web 服务描述语言 WSDL 1.1 的扩展，且过多地采用 XML 模式（比如 xsd:any 基本用法、属性等），因此移植性差，使用已有的 Web 服务和 XML 工具不能良好地工作；另外，在实际应用过程中，某些 Web 服务的实现不能满足网格服务动态创建和销毁的需求。总之，OGSI 过分强调网格服务和 Web 服务的差别，导致两者之间不能很好地融合在一起，最终促使 WSRF 出现。

　　WSRF 采用了与网格服务完全不同的定义：资源是有状态的，服务是无状态的。为了充分兼容现有的 Web 服务，WSRF 使用 WSDL 1.1 定义 OGSI 中的各项能力，避免了对扩展工具的要求。在 WSRF 中，原有的网格服务演变成了 Web 服务和资源文档两部分，使用者利用 Web 服务对具有状态属性的资源进行存取，对资源状态的查询和修改可以通过 Web 服务消息交换来完成。如果 Web 服务内部所包含的寻址或策略信息变得无效或过时，Web 服务端点引用（Web 服务寻址）可以被更新。最后需要指出的是，WSRF 是针对 OGSI 规范的主要接口和操作而定义的，它保留了 OGSI 中规定的所有基本功能，只是改变了某些语法，并且使用了不同的术语进行表达。WSRF 的提出加速了网格和 Web 服务的融合，以及科研界和工业界的接轨。

3.4.3　OGSA 架构服务层

　　架构服务层旨在 Web 服务层及其 OGSI 扩展的基础上，提供一组功能丰富的服务，简化应用程序的开发或应用网格的构建。在最初的设计中，架构服务层提供的服务主要包括网格核心服务、网格程序执行服务、网格数据服务和领域特定的服务，其中前三者是标准化工作的重点，后者可以看作是前三者的进一步扩展，它利用这些服务所提供的功能，提供特定于应用领域的通用功能，以进一步简化应用程序的开发。

　　网格核心服务由四种主要的服务类型组成，即服务管理、服务通信、策略管理和安全，其中服务管理负责管理分布式网格中部署的服务，涉及安装、维护、监控、诊断和记账等任务；服务通信负责网格服务之间的交互，它支持多种通信模型，包括消息排队、发布-订阅事件通知，以及可靠的分布式日志记录等；策略服务提供了一个用于创建、执行和管理系统操作策略和协议的一般框架，包括控制安全、资源分配和性能的策略，服务提供者和用户可以据此协商服务质量等内容；安全服务提供面向服务的身份验证、授权、信任策略强制、证书转换等机制，通过这些机制，不同的操作系统能够安全地进行互操作。

　　网格程序执行服务是网格计算和虚拟化处理资源的能力中心，用于支持高性能计算、并行计算和分布式协作等网格所特有的分布式任务执行模型作业调度和工作负载管理等。网格数据服务提供了与多种类型的信息（包括数据库、文件、文档、内容库和应用程序生成的流）的分布式访问相关的机制，复制、缓存、高性能数据移动和布局，以及数据集成是数据服务中常用的代表性方法。

　　最后，需要指出的是，随着技术的演进及应用的深入，架构服务层的内容也在发生着变化，本章的最后一节将介绍最新的 OGSA 规范中所提供的核心服务。随着越来越多架构服务的出现，OGSA 将变成更加有用的面向服务的架构（SOA）。

3.4.4　应用程序层

应用程序层，顾名思义，就是使用一个或多个网格架构服务开发的网格应用程序。这些应用程序既包括传统的高性能计算、并行计算、分布式处理与协作等应用，也包括商业领域中的数据分析处理、流程集成等。

3.5　OGSA 中的服务接口

OGSA 早期规范的核心是网格服务，它是对 Web 服务的扩展，表 3-1 列出了网格服务的接口，其中只有 GridService 接口是必需的，而其他的接口都是可选的。每个接口定义了一些操作，这些操作通过交换预先定义好的一系列消息来激活。网格服务接口和 WSDL 的 PortType 相对应，网格服务提供 PortType 的集合，而与服务状态有关的附加信息，在网格服务中则用 ServiceData 来描述。PortType 和 ServiceData 都是 OGSA 定义的 WSDL 的扩展元素。按照规范文档[13]中的描述，OGSI 对 Web 服务和 XML 模式(Schema)扩展是为了更好地融合这些概念：①有状态的 Web 服务；②Web 服务接口扩展；③异步状态改变通知；④服务实例引用；⑤服务实例聚集(Collection)；⑥能够增强 XML 模式约束能力的服务状态数据。最后需要说明的是，OGSI 采用面向对象设计的思想，在所给的 PortType 类型中，GridService 是基类，其他的 PortType 类型都是它的扩展，都支持 GridService 定义的操作。

表 3-1　网格服务的接口

PortType	操　作	描　　述
GridService	FindServiceData	查询网格服务实例的各种信息，包括基本的内部信息、大量关于每个接口的信息及与特定服务有关的信息
	setServiceData	在允许的情况下改变服务数据元素的值，也就是改变底层服务实例的状态
	requestTerminationAfter	用于改变服务实例的终止时间，请求中指定所期望的最早终止时间
	requestTerminationBefore	用于改变服务实例的终止时间，请求中指定所期望的最晚终止时间
	Destroy	终止网格服务实例
HandleResolver	findByHandle	根据所给的网格服务句柄，查找相应的定位器，该定位器中包含一个或多个网格服务引用。该操作实质是实现网格服务句柄向网格服务引用的映射
NotificationSource	subscribe	在目标网格服务实例处创建一个订阅实例，以便服务数据发生变化时得到相应的通知
NotificationSubscription	无	NotificationSubscription 是 GridService 的扩展，客户端用它来管理订阅的生命期，找到订阅的属性

续表

PortType	操　作	描　述
NotificationSink	deliverNotification	将通知消息发送给订阅该消息的服务实例
Factory	createService	创建新的网格服务实例
ServiceGroup	无	ServiceGroup 是 GridService 的扩展，用于维护一组网格服务的信息
ServiceGroupEntry	无	ServiceGroupEntry 是 GridService 的扩展，定义了管理 ServiceGroup 中条目的接口
ServiceGroupRegistration	add	创建一个 ServiceGroupEntry，并将其添加到相应的 ServiceGroup 中
	remove	将符合输入条件的所有 ServiceGroupEntry 从 ServiceGroup 中删除

WSRF 的提出消除了网格服务和 Web 服务的差异，解决了 OGSI 的不足，使得网格计算和 Web 服务真正走向了融合。前面我们提到，WSRF 是针对 OGSI 规范的主要接口和操作而定义的，它保留了 OGSI 中规定的所有基本功能，只是改变了某些语法，表 3-2 列出了 OGSI 的功能与 WSRF 规范的映射关系。

表 3-2　OGSI 与 WSRF 之间的映射关系

OGSI	WSRF
网格服务引用（Grid Service Reference, GSR）	WS-Addressing 端点（Endpoint）引用
网格服务句柄（Grid Service Handle, GSH）	WS-Addressing 端点（Endpoint）引用
句柄解析器端口（HandleResolver PortType）	WS-RenewableReferences
服务数据定义与访问	WS-ResourceProperties
GridService 生命期管理	WS-ResourceLifetime
通知端口（Notification PortType）	WS-Notification
工厂端口（Factory PortType）	作为一种模式（pattern）对待
服务组端口（ServiceGroup PortType）	WS-ServiceGroup
基本错误类型	WS-BaseFaults

3.6　OGSA 的核心服务

开放网格服务架构 OGSA 为网格系统定义了一组标准的核心服务。这些服务可以单独或组合使用来为上层的用户应用提供支持。OGSA 1.5 中定义的核心服务说明如下。

3.6.1　执行管理服务

执行管理主要关注的是作业从提交到执行完成整个过程中需要解决的问题，包括但不限于以下问题。

(1) 查找候选的执行地点。这些候选的执行地点需要满足作业对处理器、内存、可执行文件格式、程序库和许可证等方面的要求。

(2) 选择执行地点。执行地点的选取涉及不同的选择算法，这些算法优化不同的目标函数或试图强化不同的策略或服务等级协议（service level agreement，SLA）。

(3) 作业执行准备，如配置执行环境和准备数据等。

(4) 执行初始化，真正开始作业的执行，与此同时完成其他一些相关的动作，如在合适的地方进行作业的注册。

(5) 执行管理。作业的执行被启动之后，需要对作业的执行进行管理和监控，直到作业执行结束。如果作业执行失败，可能需要对其进行重调度。另外，还要对作业的状态进行管理，如定期保存检查点，以确保作业能够重新开始。

为了满足上述需求，执行管理服务提供了包括资源、作业管理及资源选取在内的三类主要的服务，使得应用能够协调的访问底层的资源，如 CPU、硬盘、数据、内存及服务等。在后续章节中，我们将对此进行更为详细的阐述。

3.6.2　数据服务

数据服务用于对网格中海量的数据资源进行管理、访问和更新。数据服务管理的数据类型可能包括普通文件、数据流、数据库、文件目录、衍生数据（derivation）等。另外，数据服务自身也可以作为一种数据资源提供给其他的服务。数据服务的典型应用场景包括远程访问、搬运（staging）、复制、联合（federation）、衍生、元数据等。

数据管理中存在多方面的挑战：

(1) 大规模数据的传输，TB 或 PB 级的数据传输采用传统的方法可能无法完成；

(2) 数据副本管理，通过采用合适的数据副本策略，一方面可以为关键数据提供安全备份，另一方面可以分散热点数据的访问负载；

(3) 安全共享，提供数据访问的安全性控制，在多个参与者之间安全地共享数据；

(4) 统一名字空间，网格中的所有数据采用一致的名字空间进行命名，同一数据可能有多个物理副本，但是这些副本都享有唯一的逻辑名称。

除了功能上的挑战之外，数据服务在实现的时候还要注重可扩展性、性能、可用性等非功能性特征。在后续章节中，我们将对数据服务进行更为详细的阐述。

3.6.3　资源管理服务

资源管理主要从事三方面的管理：管理物理和逻辑资源本身（如机器重新启动、在网络交换机上设置虚拟局域网）、管理经由服务接口暴露出来的 OGSA 网格资源（如资源预留、作业提交与监控等）、管理经由管理接口暴露出来的 OGSA

网格基础设施(如监视注册服务)。这些管理工作涉及三个层次的接口，即资源层、基础设施层、OGSA 功能层。表 3-3 给出了管理类型与接口层次之间的关系。

表 3-3　资源管理类型与接口层次之间的关系

管理类型	接口层次	接口协议或规范
物理和逻辑资源管理	资源层	CIM/WBEM, SNMP 等
	基础设施层	WSRF, WSDM 等
OGSA 网格资源管理	OGSA 功能层	功能接口
OGSA 网格基础设施管理		特定的管理接口

从表 3-3 可以看出，资源层的管理主要通过各种资源原始的管理接口进行，譬如对一个网络设备可以通过 SNMP 协议来进行。在基础设施层，OGSA 环境提供了一个基本的可管理模型和通用的可管理接口。由于网格计算引入了 WSRF 标准，每个资源都采用标准的 WS-Resource 模型来描述。网格可以通过标准的 Web 服务来发现和访问资源。对于 OGSA 功能层，网格通过一些共同的 OGSA 接口(如 OGSA 执行管理服务)或专用的功能接口(如作业监视)来对系统进行管理。

3.6.4　安全服务

安全服务的目标是增强组织(包括实体组织和虚拟组织)内与安全相关的策略，从而确保高层的业务目标能够得到实现。安全服务主要提供如下功能。

(1)身份认证。确认网格实体的身份，可能的方法包括用户口令、Kerberos 等。

(2)身份映射。为了使得网格用户的作业能够被某个集群接受，可能需要将网格用户的身份映射为该集群的一个本地用户。

(3)授权。为了避免用户的危险操作，网格需要设置一定的访问控制策略，对用户的资源访问请求的安全性进行检查。

(4)证书转换。由于网格中可能存在多种安全认证机制，系统可能需要在不同机制间对网格用户的证书进行转换。

(5)审计与安全日志。系统管理员可能需要对用户的访问行为进行记录和检查，以确定是否符合资源访问控制策略。

(6)隐私。对于用户的个人信息，应该使用隐私服务来管理。

在网格这样一个大规模分布式的环境中，确保系统的安全不是一件容易的事情，面临诸多的挑战，在后续的章节中，我们将对此进行详细的说明。

3.6.5　自管理服务

自管理服务旨在减少拥有和运营 IT 基础设施的开销和复杂度。在一个自管理的环境中，系统的组件，包括硬件组件(如计算机、网络和存储设备等)和软件组件(如操作系统和业务应用等)可以实现自动配置、自动修复和自动优化。这些特性使得企业组织用较少的人力就能实现系统的高效运维,减少了开销,增强了对外部变化的反应能力。

对于自管理而言,它不仅仅与那些参与到自管理中的组件相关,还涉及达成自管理的方法,包括组件之间的交互、控制回路的执行及系统的智能表现等,当然,这一切都是在环境变化的基础上进行的。达成系统自管理能力的机制包括三种。

(1)自配置机制,它能够根据 IT 专业人员提供的策略,动态地适应 IT 系统的变化。工作负载的巨大变动所引起的组件增减就是这方面的一个例子。

(2)自修复/自愈合机制,它能够检测到资源和服务的不正常操作,启动基于策略的纠正措施而无须中断整个 IT 环境。

(3)自优化机制,它能够调整自身达到最优的效率以满足最终用户或业务的需求。调整动作往往意味着以提升总体利用率为目标的资源再分配或以增强服务等级协议为目标的优化。

需要注意的是,自配置、自修复/自愈合和自优化机制并不是相互独立的,它们往往共同发生作用。对于 OGSA 而言,要实现自管理的目标,需要用到所有的服务类别, 监视(monitoring)—分析(analysis)和预测(projection)—行动(action)是常用的、也是有效的控制回路。

3.6.6　信息服务

在网格环境中,高效地访问和使用有关应用、资源和服务的信息是一项重要的 OGSA 能力。这里的信息既包括用于状态监视的动态数据或事件,也包括用于发现目的的相对静态数据及其他记录的任何数据。OGSA 中信息服务覆盖数据从发布到消费的整个过程,其应用场景包括目录服务、日志服务、生产者/消费者模式、发布/订阅模式、订阅/发布模式等。

OGSA 中规定信息服务的功能包括(服务和资源)发现、消息投递、日志、监视及通用信息与监控服务(它实际上是上述功能的整合),相应的属性则包括安全性、服务质量、可用性、性能、可扩展性。在后续的章节中,我们将对信息服务的实现进行更为详尽的阐述。

参 考 文 献

[1] Foster I, Kesselman C, Nick J M, et al. The physiology of the grid: An open grid services architecture for distributed systems integration. http://www.globus.org/alliance/publications/papers/ogsa.pdf.

[2]   http://www.w3.org/TR/ws-gloss/.

[3]   http://www.service-architecture.com/articles/web-services/service-oriented_architecture_soa_def
       inition.html.

[4]   http://looselycoupled.com/glossary/SOA.

[5]   http://www.gartner.com/it-glossary/service-oriented-architecture-soa/.

[6]   Papazoglou M P, Georgakopoulos D. Service-oriented computing. Communication of the
       ACM, 2003, 46(10): 25-28.

[7]   Papazoglou M P, Heuvel W. Service oriented architectures: approaches, technologies and
       research issues. The VLDB Journal, 2007, 16(3): 389-415.

[8]   http://www.w3.org/TR/2007/REC-soap12-part1-20070427/.

[9]   http://en.wikipedia.org/wiki/Web_Services_Description_Language.

[10]   http://www.w3.org/TR/wsdl#_porttypes.

[11]   The Open Grid Services Architecture, Version 1.0. http://www.ogf.org/documents/ GFD.30.pdf.

[12]   The Open Grid Services Architecture, Version 1.5. http://www.ogf.org/documents/ GFD.80.pdf.

[13]   Open Grid Services Infrastructure (OGSI) Version 1.0. http://www.ggf.org/documents/ GFD.15.pdf.

第 4 章

面向服务的网格体系

尽管 OGSA 从一诞生，就得到业界的广泛支持，为众多的国际知名企业和研究机构所接受，但 OGSA 只是概念模型，没有涉及任何实现层面和功能接口层面描述，因此目前网格各种异构的实现虽然都遵循了 OGSA 的标准，但却无法实现真正意义上的互相交互，也就不能实现真正意义上的资源整合和计算协同。为了解决这一问题，我们提出了面向服务的网格体系，本章对此进行介绍。

4.1 基 本 理 念

虽然网格计算的定义有很多种，但网格的本质是计算资源的联合加上这些资源的虚拟化，从而达到加速应用程序处理的目的。网格的全部核心就是分布式计算与资源管理。面向服务的网格体系是根据我国网格领域的研究优势，结合国内专家学者在网格领域的研究成果及国内主要研究团队的重大网格项目研制的实践经验，在原来两个主流的体系结构"五层沙漏结构"[1,2]和开放网格服务架构 OGSA[3]的基础上，参考 OGSI[4] 和 WSRF[5]而提出来的，其基本理念包括以下两个方面。

4.1.1 以服务为中心

面向服务的网格的核心思想是网格服务(Grid Service)。网格服务是一种 Web 服务(Web Service)，该服务提供了一组接口，这些接口的定义明确了服务发现、动态服务创建、生命周期管理和通知等问题，如图 4-1(a)所示。网格服务是一种特殊的 Web 服务，其与传统的 Web 服务是一种简单的无状态的服务不同，网格服务是一种有状态的服务，存在生命周期的管理是网格服务的一个重要特征。简单地说，网格服务=接口/行为+服务状态数据。

在面向服务的网格中，要求将一切都抽象为网格服务，包括计算机、程序、数据、仪器设备等，从而通过基于服务的标准接口来管理和使用这些网格资源。因此网格就是可扩展的网格服务的集合，即网格={网格服务}。网格服务可以以不同的方式聚集起来满足虚拟组织的需要，虚拟组织自身也可以部分地根据它们操作和共享的服务来定义。也就是说，可以基于简单的、基本的服务，形成更复杂、更高级、更抽象的服务，如图 4-1(b) 所示。比如一个复杂的计算问题所需要的服务，包括网络、存储、数据查询、计算资源等各方面的服务，可以将这些基本的服务组织起来，形成一个高级的抽象服务，方便地为应用提供支持。

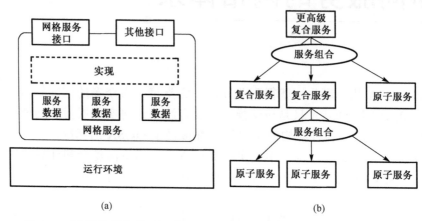

(a)　　　　　　　　　　　　　　　　(b)

图 4-1　(a) 网格服务模型示意图；(b) 网格服务的组合层次结构示意图

如前所述，以网格服务为中心的模型具有如下好处。

(1) 网格环境中所有的组件都是虚拟的(这里的具体含义是指对相同接口不同实现的封装)，因此，通过提供一组相对统一的核心接口，所有的网格服务都基于这些接口实现，就可以很容易地构造出具有层次结构的、更高级别的服务(图 4-1(b))，这些服务可以跨越不同的抽象层次，以一种统一的方式来看待。

(2) 虚拟化也使得将多个逻辑资源实例映射到相同的物理资源成为可能，在对服务进行组合时不必考虑具体的实现，可以以底层资源组为基础，在虚拟组织中进行资源管理。通过网格服务的虚拟化，可以将通用的服务语义和行为，无缝地映射到本地平台的基础设施之上。

4.1.2　采用统一的 Web 服务框架

网格服务通过支持临时服务的概念，实现了服务的动态创建和删除。但从本质上说，网格服务依然是一种 Web 服务，仍然兼容 Web 服务的相关标准。Web Service 提供了一种基于服务的框架结构。该框架同样适用于网格服务。通过采用统一的 Web Service 框架，面向服务的网格体系结构就突破了科学计算的领域，将网格从以科学与工程计算为中心的学术研究领域，扩展到更广泛的以分布式系统服务集成为主要特征的社会经济活动领域。

4.2　层　次　结　构

面向服务的网格体系结构可以抽象为如图 4-2 所示的四个主要层次，从下到上依次为物理和逻辑资源层、Web 服务适配层、标准网格服务层和网格应用层。该体系结构将整个网格看作是"网格服务"的集合，作为网格动态特性的反映，这个集合是可以扩展的。

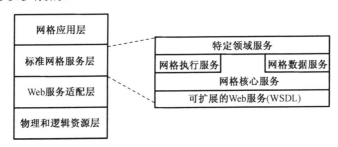

图 4-2　面向服务的网格体系结构的四个抽象层次

4.2.1　物理和逻辑资源层

资源的概念是通常意义上的网格计算的中心部分。构成网格能力的资源并不仅限于处理器。物理资源包括服务器、存储器和网络。物理资源之上是逻辑资源。它们通过虚拟化和聚合物理层的资源来提供额外的功能。通用的中间件，比如文件系统、数据库管理员、目录和工作流管理人员，在物理网格之上提供这些抽象服务。

4.2.2　Web 服务适配层

面向服务的网格架构中的第二层是 Web 服务。一条重要的原则是：所有网格资源（包括逻辑的与物理的）都建模成为网格服务。网格服务建立在标准 Web 服务技术之上，利用 XML 与 WSDL 这样的 Web 服务机制，为所有网格资源指定标准的接口、行为与交互方法。网格服务扩展了 Web 服务的定义，提供了动态的、有状态的和可管理的 Web 服务，这些在对网格资源进行建模时都是必需的。

4.2.3　标准网格服务层

Web 服务层为下一层提供了基础设施，即基于架构的网格服务。基于底层的 Web 服务，我们可以定义和实现诸如程序执行、数据服务和核心服务等领域中基于网格架构的标准网格服务。标准网格服务分为四个类别：①网格核心服务；

②网格程序执行服务；③网格数据服务；④特定领域的服务。其中网格核心服务又可以包含四种主要的服务类型：服务管理、服务通信、策略管理和安全管理。前三个类别标准请参阅本标准系列中的相关标准。第四类别的标准本标准系列不涉及。

4.2.4 网格应用层

网格应用是指基于网格平台提供的服务和资源，针对特定问题的设计并实现的面向服务的解决方案。随着时间的推移，基于网格架构的服务不断被开发出来，使用一个或多个基于网格架构的服务的新网格应用程序亦将出现。这些应用程序构成了面向服务网格架构的第四个主要的层次。

4.3 运 行 环 境

面向服务的网格体系结构是一种平台无关、语言无关的体系结构。通过采用基于 XML、SOAP、WSDL 等标准的 Web Service 协议，以及定义基于这些协议的标准接口；面向服务的体系结构隐藏了服务实现的细节和底层资源的异构性，也允许用户根据自己的需求采用特定的实现方式和运行环境。我们给出了三种(但不限于)运行环境的描述，即简单运行环境、虚拟运行环境及组操作环境。这三种环境的关系是从简单到复杂，包含的服务从具体到抽象。

4.3.1 简单运行环境

简单运行环境是指一些简单的管理范围内的资源集合，比如一个 J2EE 应用服务，Microsoft.NET 系统或 Linux 集群。这一环境的用户接口将被构造成一个注册中心，为一个或多个工厂服务。每个工厂服务在注册中心中，便于客户发现可用的工厂服务。当一个工厂服务收到客户端要求创建网格服务实例请求时，工厂就会激活相应的运行环境接口来创建新的服务实例，并且给它一个唯一的标识，向注册中心注册这个服务。这些不同的服务实例可以直接映射到局部操作。

4.3.2 虚拟运行环境

虚拟运行环境是指与虚拟组织相关联的资源可能跨越异构、地理分布的多个运行环境，但是这一虚拟运行环境为客户端提供相同的访问接口。相对于简单运行环境，虚拟运行环境中的一个或多个更高级的工厂服务可以用于代理创建低级的工厂服务请求。类似地，可以创建一个高级的注册中心，它知道已经创建的高级工厂服务和服务实例，以及特别的虚拟组织服务策略，它们用于管理虚拟组织的服务。客户端可以使用虚拟组织的注册中心功能来发现工厂服务和其他与虚拟组织相关的服务实例，然后使用注册中心返回的句柄直接和服务实例进行交互。高级的工厂服务和注册中心实现了标准的接口，因此从用户的角度看，在使用上与其他的工厂服务和注册中心是没有区别的。

4.3.3　组操作环境

组操作环境是一种更高级的形式。在这一环境中，可以提供给虚拟组织参加者以更复杂的、虚拟的、组或端到端的服务。在这种情况下，注册中心跟踪并且公布创建高级服务实例的工厂服务。这种服务实例是通过将底层工厂服务创建的多个服务实例组合起来实现的。

4.4　网格的功能模块

面向服务的网格体系结构的层次模型是在纵向上对网格的体系结构概念型的定义。但从横向看来，网格系统涉及的功能复杂，而且各个功能模块又要具有较为独立的运行能力，因此网格系统的功能分解及各功能模块之间的明确定位就显得尤为重要。本部分在前面面向服务的层次模型的基础上，进一步定义网格体系结构和功能模型的实现层面，界定各个模块其功能涵盖范围，给出更加具体的、可分割的网格体系结构和功能模型标准，并依据模型对网格这个复杂系统进行分解和定位，确定各个功能模块之间的界限和内涵，实现各个功能模块既可以独立运行，又可以有机交互，同时整合在一起可以满足网格应用的共性需求，进而为制定可操作的领域标准提供依据。

从功能上来看，网格大致可分为四层，从底向上依次为服务容器、网格服务层、使用环境和网格应用。其中的网格服务层又包括服务和资源管理、执行管理、数据管理等，如图 4-3 所示，图中各模块的主要功能说明如下。

(1) 服务容器，包括服务的部署管理、资源的属性管理、服务的运行和生命周期管理、服务状态的订阅和通知。

(2) 网格安全。安全是网格的基础设施，是网格收费和记账的前提，也是网格进行资源共享和整合的基本保证。网格安全子系统的主要功能包括：用户和组的管理及身份映射，域的管理和拓扑维护，用户身份的认证和资源访问控制，安全模型与安全协商机制的定义，安全策略的管理，证书管理，日志和记账，审计等。网格的安全模型必须保证在解决安全问题的同时既不能破坏网格内的各个资源提供组织对资源管理的自治性，又要保证这些不同的资源管理组织之间实现无缝的互操作。网格互交互的核心是安全基础设施的互交互和作业执行的互交互。

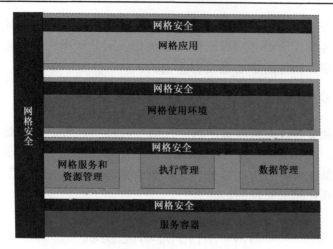

图 4-3　网格的功能模块

(3) 执行管理。执行管理也称为作业管理，是网格系统中作业在其整个生命周期内进行管理的功能集合，包括作业(包括符合作业)定义、资源匹配和选择、资源调度、作业的执行和监控等。广义上来说，执行管理还包括作业之间的协同和互操作、资源的预留、作业错误处理、容错，以及与容器、和/或资源提供者的交互等。作业的提交、作业匹配和资源调度、作业状态的监控、复合作业的定义、工作流程的执行管理。

(4) 数据管理。数据服务研究的是网格环境下对非结构化和结构化的数据进行存储、传输和整合的服务。具体功能包括数据进行分布式存储，统一透明的编址和表示，高效副本迁移和重定位，高效的数据传输，以及如何在分布式环境下提高数据的可靠性、可用性，保证数据的安全性等。从而利用网格系统提供的存储资源为网格或网格之外的系统提供安全、可靠而又方便的海量数据存储服务。数据服务是网格的一个基础服务，与网格中的执行管理有着密不可分的联系。

(5) 网格服务和资源管理。网格服务和资源管理是指提供给网格本身的其他子系统的服务，以及对网格系统中所有的资源的管理和维护。主要功能包括资源和服务的描述和操作，服务的注册、发现和定位，服务和资源状态的监控和管理，网格的管理和互操作。服务和资源的管理是其他网格子系统工作的基础，是网格系统的核心子系统。

(6) 网格使用环境。网格使用环境是网格系统提供的编程模型和编程接口、网格开发工具、网格管理使用工具及网格监控服务的总称。其中，网格监控是网格的另一项基本的服务，是对网格系统进行错误发现、错误诊断、性能调优的基础，主要涉及对资源的状态、资源使用情况及静态的资源信息进行监控。

(7) 网格应用。网格应用是基于网格系统，通过网格开发工具开发的解决特定问题的一类软件系统。这类系统通常以类似寄生的方式依赖于底层的网格平台，通过调用网格平台提供的接口，来控制网格系统的资源和服务，完成面向特定问题的任务。网格应用的主要内容包括应用部署接口框架、应用网格相关的标准、针对应用的网格使用标准。

4.5　网格的执行流程

4.5.1　作业的类型

作业是执行管理的核心概念。本标准定义两种核心类型：原子作业和复合作业。

1. 原子作业

原子作业是由一个单一的任务组成的作业，具有不可再分的意义。一般来说，原子作业主要指的是遗留作业，即对于遗留程序在一个计算资源上的一次带有基于网格的数据输入和输出操作的一次执行。原子作业也包括服务作业，即对网格服务具有上下文的调用。值得注意的是，不是每一次对服务的调用都是一个作业。从传统的作业的概念来看，作业一般指的是对程序的一次执行。如果服务只是作为访问功能的一个媒介，那么对服务的访问就不能成为一次作业。但作业的本质是一个完整的功能和其在功能实现过程中对计算资源的消耗。如果服务本身就是功能的实体，那么服务的调用就是作业。

2. 复合作业

复合作业主要指工作流作业，即通过工作流技术将原子作业（包括服务作业）按照特定的功能和需求进行组合而得到的具有一定流程的任务集。

复合作业的执行流程本身具有一定的复杂性，而且可以分解成原子作业的组合，因此有关复合作业的执行流程我们将在本系列中有关工作流的标准中进行专门的定义和描述。这里只对网格系统中最普遍、最具意义的遗留类型的原子作业进行规定。

4.5.2　作业的执行模型

为了解决不同的计算平台的本地作业管理系统（如 UNIX 的 Fork 机制，PBS，LSF 等）在计算任务提交、任务监视和控制接口等方面的异构性，提供一种一致的方式来提交、监控各种计算任务，定义如下的统一的抽象的计算任务模型，作业被实现为一个具有状态和生命周期的资源。该资源通过唯一的一个资源 ID 标识，通过唯一的句柄（作业执行服务的实例的 EPR）进行操作和控制，并且其资源只能通过作业执行服务提供的接口进行查询和更改。该资源需要支持的最小抽象集合有六个。

(1)标识符(Identifier)：一个全局唯一的资源标识符，用于表示和区别不同的任务实例。

(2)任务定义(Description)：任务提交的基本信息，包括执行的命令和相关的参数、资源需求和数据迁移等。一般来说，这个是系统相关的，但可以通过抽象处理、定义相应的描述语言和 Schema 将其抽象出来，比如 JSDL 就是一个典型的代表。

(3)用户身份(User Credential)：任何一个任务都有其固定的属主，都与特定的用户身份联系在一起，这个用户身份和相应的安全上下文就决定了一个任务的执行权限和功能限制。

(4)状态(Status)：指示当前任务所处的阶段和执行过程。可以对其进行监控并根据监控结果对任务的执行进行动态的控制。必须提供 Submitted(ready)，Running(active)，Completed 和 Failed 四个基本状态的支持。建议提供 Staging in，Staging out，Aborted(cancel)，Error 五个附加状态的支持。图 4-4 给出了其状态转换图。

(5)目标系统(Target system)：指出了执行此计算任务的目标系统。这个在将抽象任务转换为具体与目标系统的计算任务时特别重要。

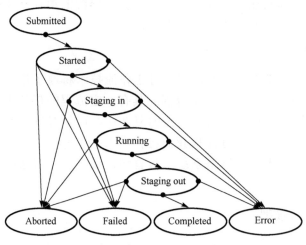

图 4-4　计算任务的状态转换图

(6)控制句柄(Control Handler)：控制句柄被用来控制运行在目标系统上的计算任务。目前的任务模型有四个控制句柄：启动(Start)、中止(Abort)、挂起(Suspend)和重启(Resume)。

图 4-5 给出了计算任务的执行阶段图，从图中可以看出，计算任务的执行大

致上划分成三个阶段：数据迁入（data staging in）、目标系统平台上的实际计算和数据迁出（data staging out）。对于遗留应用而言，这三个阶段都被映射到本地进程或者线程来完成。

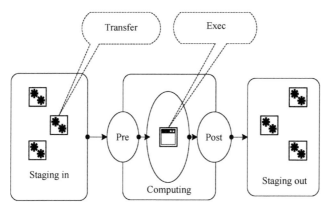

图 4-5　计算任务执行的三个阶段

4.5.3　作业的执行流程

图 4-6 是作业执行流程的一个示意图。网格作业的执行通常涉及三个部分：资源（包括计算资源、存储资源、软件与遗留系统资源、数据资源等）、作业（也称业务流程）和人机交互。在作业执行之前，首先要进行资源的网格（服务）化，一般可以通过网格平台提供的工具对不同的网格资源进行封装，封装后的服务应当被部署进服务容器（如图 4-6 中，S1、S2、S3 分别是命令行形式的软件、遗产程序及远程资源封装后的服务）。其次，我们需要通过作业定义工具将某个领域的典型业务流程建模为用作业定义语言描述的网格作业。由于作业管理器本质上也需要接受以 SOAP 协议传输的作业请求，因此作业管理器需要同服务容器集成部署，由服务容器实现基本的网格服务处理，由作业管理器完成作业请求处理、服务发现与选取、作业向服务的分配等。再次，每个域内需要部署信息服务，它从服务容器收集服务信息，并向作业管理器等其他软件模块提供支持。最后，可以根据每类专业需求部署一个或若干个网格 Portal，Portal 开发工具可以协助用户生成满足用户交互需求的 Web 应用并部署进 Portal。此外，每一域内还需要部署域管理器，满足域管理功能和用户管理、跨域身份映射的需求。

一次典型的作业执行流程如下。

（1）用户首先需要注册并获取由 CA 所签发的证书以表示自己的身份。然后用户通过一定的安全协议（如 HTTPS）登录网格 Portal，通过 Portal 中部署的 Web 应用完成同网格系统的人机交互。

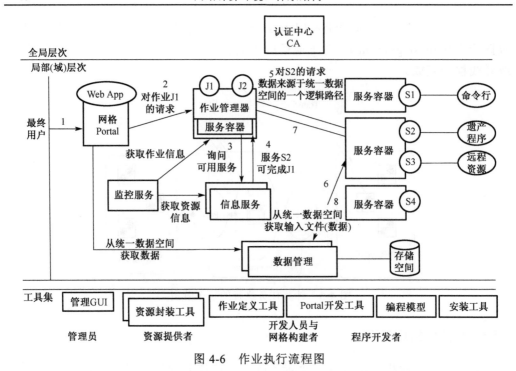

图 4-6　作业执行流程图

(2)交互的过程将产生一个(或一组)对特定类型(如 J1)作业的请求。Portal 根据用户的交互操作产生请求并提交给作业管理器。

(3)作业管理器根据本地存储的 J1 的作业处理规则(以 JDL 形式描述)，询问信息服务有哪些可用的服务可以帮助完成作业 J1。

(4)基于同服务容器之间进行"Push/Pull"模式获取的信息，信息服务维护资源视图，据此回答作业管理器提交的查询，以一定的排序原则返回一个可用服务列表。在返回服务列表时，原则上信息服务应尽量返回本地的可用服务；如果在本域中找不到满足条件的服务，则请求其他域的信息服务获得更多可用服务。

(5)作业管理器选取服务 S2，并向 S2 发送服务请求。

(6)服务容器获得请求后，如果需要访问数据，还需要调用数据管理系统提供的访问接口，以统一数据空间的逻辑路径获取数据。

(7)一旦数据获取完毕，作业管理器调用执行服务启动相应的本地任务，进行相关的计算操作，直至程序执行完毕。执行过程中，作业管理器在作业执行过程中不断收集服务执行状态，以便满足系统对作业监控的需求。

(8)作业执行完毕，如果需要返回计算结果，则需要再一次调用数据服务将计算的结果迁移到统一数据空间的另一个逻辑路径。

4.6   参考实现：CGSP

CGSP[6]是为中国教育科研网格而开发的核心网格中间件。CGSP 提供了面向服务的网格体系结构的一个参考实现。ChinaGrid 公共支撑平台的详细设计模块结构如图 4-7 所示。

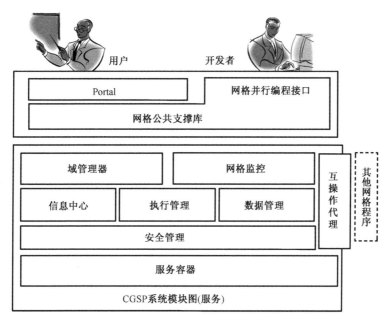

图 4-7   CGSP 的模块图

CGSP 共划分为 n 个功能模块。

（1）服务容器（Container），其主要功能是屏蔽了异构的物理环境和软件环境，为网格服务提供运行时环境，支持服务的部署、执行、监控、反部署。此外，针对中国教育科研网格的特殊需要，CGSP 的容器还增加了服务热部署和远程动态部署等功能支持。

（2）安全管理（Security），其主要功能是提供用户证书、授权、身份映射管理，服务和资源的访问授权管理，通过消息加密为 CGSP 平台提供安全可靠的消息交换。

（3）信息中心（Information Center），其主要功能是负责网格环境中各类资源的管理，实现一个全局的资源视图，通过一种统一的方式来提供服务注册、服务发布、服务查询、服务匹配和选择，提供网格信息服务，使得最终用户透明访问网格环境上的计算节点、应用程序及各类仪器设备等。

(4) 数据管理(Data Management)，其主要功能是屏蔽异构的物理存储资源，提供数据传输、元数据管理、副本机制等。同时，数据管理还为网格用户提供虚拟的用户空间，以便用户透明地进行存储访问。

(5) 执行管理(Execution Management)，其是 CGSP 平台的核心模块。它提供以下功能：作业提交、作业调度、作业监控、作业结果返回。同时，它支持多种作业执行：遗留作业、复合服务作业。

(6) 域管理(Domain Management)，CGSP 采用基于域的构建模式。域是一个可以独立对外提供服务的网格基本部署单位。不同的域之间通过域管理器进行交互。域管理器提供跨域访问管理，包括用户跨域身份映射、访问日志记录、记账等功能。基于域的构建模式充分体现了该网格应用建设自治性强和区域性强的特点。

(7) 网格监控(Grid Monitor)，主要负责资源级、服务级、作业级、用户级的动态监控，包括资源负载(CPU、磁盘、内存利用率)、服务质量、用户行为的监控信息。

(8) 网格门户(Portal)，作为 ChinaGrid 的网格服务展现方式，为用户提供访问网格资源和服务的统一使用网格的入口。通过网格门户，用户可以提交作业、监视作业运行、管理和传输数据、查询网格资源信息，同时网格门户还具有用户管理、网格资源使用记账等功能。

(9) 网格并行编程接口(GridPPI)，其主要功能是提供资源网格化封装的工具包和网格构建管理工具包，以及提供面向网格环境的编程模型，用于网格作业的开发。

CGSP 的九个功能模块为面向服务的网格体系结构提供了一个参考实现，与标准文本中所描述的网格功能模块存在着较明确的对应关系：服务容器、安全管理、数据管理和执行管理实现了体系结构中对应的组件的功能；信息中心对应于网格核心服务组件；网格监控、网格并行编程接口和部分 Portal 的功能构成了网格的使用环境和部署机制。CGSP 作为一个平台，本身没有涵盖网格应用，目前基于 CGSP 平台已经构建了诸如生物信息学网格、图像处理网格等相关的网格应用。Portal 本身在一定意义上也可以看作基于网格服务构建的具有专用的平台管理功能的网格应用。

参 考 文 献

[1] Foster I, Kesselman C, Tuecke S. The anatomy of the grid: Enabling scalable virtual organizations. International Journal of Supercomputing Applications, 2001, 15(3): 200-222

[2] Foster I. The grid: A new infrastructure for 21st century science. Physics Today, 2002, 55(2): 42-47.

[3] The Open Grid Services Architecture, Version 1.5. http://www.ogf.org/documents/GFD.80.pdf.

[4] Open Grid Services Infrastructure (OGSI) Version 1.0. http://www.ggf.org/documents/GFD.15.pdf.

[5] The WS-Resource Framework. http://www.globus.org/wsrf/specs/ws-wsrf.pdf.

[6] Wu Y W, Wu S, Yu H S, et al. CGSP: an extensible and reconfigurable grid framework, APPT2005. Computer Science 3756, 2005, 292-300.

数学基础

前面我们已经对网格的发展背景、典型的体系结构进行了介绍，在第 5 章和第 6 章我们将从理论方面对网格系统进行描述，其目标是抽象出网格体系背后共性的东西，进一步加深大家对网格体系的认识。本章首先介绍我们所采用的理论的数学基础。

5.1　实体与本体

为了准确地说明什么是规范，我们先来定义网格系统的本体的概念。一个网格是一个物理系统，其中有诸如资源、操作、指令、服务这样的物理或逻辑对象存在，我们把这些物理的或逻辑的对象统一称作网格实体(Entity)，而把这些对象的符号对应称为本体(Noumenon)。我们在谈论网格对象时，实际上谈论的是符号对象而不是实际对象，因此我们是在一个网格的本体上工作，而不是在网格的实体上工作。仔细区别这一点对于今后谈论规范是很有好处的，可以使我们的讨论更加清晰和准确。但是如果要进一步探讨到底采用本体还是实体来讨论问题，就可能成为一个哲学问题，从工程的角度看，我们总是采取最能够说明问题的方式来讨论问题，因此在本章中，我们采取本体观点来讨论问题。

在本体观点下，所有的讨论对象是实际对象的符号对应，所以实际网格系统也对应于一个符号网格系统，在这个系统中，对象、操作、服务都是符号化的，相互之间的关系也抽象为函数和关系。这个过程成为虚拟化过程，虚拟化过程把实体世界转化为本体世界。另外，当一个本体对象需要被实际调用，或者一个本体操作需要被实现时，则需要一个中间件或引擎来实际启动相应的物理对象或物理操作。这一过程称为绑定，绑定把本体世界转化为实体世界。因此虚拟和绑定是一对互逆的概念，是本体世界与实体世界之间的映射。

5.2　虚拟化与代数系统

虚拟化的概念现在越来越普及，原因之一就是人们对计算机的使用越来越不关心这些操作是如何进行的，而只是关心如何提交一个请求和获得结果。而网格正是具有这样一个特点的系统。在这种情形下，通过虚拟的方式来讨论问题会隐蔽掉具体系统的复杂性和差异性，同时也促进了那种与平台无关的开发方式，这些对网格的发展肯定是关键性的和极其重要的。

从理论上讲，虚拟化实际上是将语义和语法进行分离。在早期的计算机语言编程中，语义和语法是捆绑在一起的，机器在分析语法时同时也得到了语义的解释。但是这种模式在大范围的系统，包含各种异构的系统之间共享使用的情况下就不能适应。这其中最大的问题之一就是不同的系统或操作，它的语义是不一样的，因此我们无法去事先规定一个语义来满足所有可能的情形。解决的办法是把语义和语法分离，先通过语法的分析来定位用户需要的操作，然后再调用相应的资源并捆绑相应的语义。相同的操作可能会调用不同的资源，因为会捆绑不同的语义。这是在网格环境下对用户程序编译的最大问题，也是网格编程需要解决的关键问题之一。当然在实际实现时，绑定也是一个分层次的概念，如在 CORBA 中定义了 IDL（Interface Definition Language），这本身也是不具体指定语义的编程语言，语义是在最后实现时被赋予的。这个层次的问题在本书中不涉及，本书所谓的绑定是指用户发动一次物理或逻辑资源使用，而启动相应的接口程序。例如，发起一次远程访问，或者发起一次网格服务，我们就说用户在使用一次绑定。至于这个绑定具体怎样被实现，不在本书的讨论范围内，或者说在制定网格规范时，不涉及这样的问题。这应该是网格资源接口引擎所做的事情。

虚拟化的系统可以在更高的层次上再次虚拟，因此虚拟是分层次的，所有不同层次上的虚拟对象都称为本体，处于更高层次的本体相对于下一层次的本体而言称为抽象，而底层次的本体相对于高一层次的本体称为绑定。例如，在一个大的网络环境中，初级抽象可能就是网格内部所有资源的符号表示的系统，而对于这个抽象系统的再次抽象，比如把一个局域网看作一个单独的资源，就掩蔽了这个局域网内部的结构，这个新的抽象系统就称为二级虚拟。当用户需要实际发动一次物理资源调用时，通过一次绑定把二级虚拟系统中的虚拟资源指定到一个一级虚拟系统的相应虚拟资源，即把对于局域网的调用映射为与局域网内部的一个物理资源相应的符号，再通过一次绑定才把这个相应的符号映射到真正的实际系统的对象资源上来。这样，通过两次绑定实现从高级虚拟系统到实际物理对象的调用。

虚拟可以被不断抽象，从而形成不同层次的虚拟系统。在所有虚拟系统中，有一个虚拟系统要特别提出来，这就是初始虚拟系统。初始虚拟系统是物理对象到符号表示之间的一个 1:1 映射，是一个与实体完全对应的本体表示。这个虚拟系统是实体系统的真实本体表达。初始虚拟系统将在规范的设计中扮演重要角色。

5.3　类型代数与商代数

为了更加准确地刻画虚拟系统，本节将从数学的角度来讨论虚拟系统的相关概念和定义。从工程的角度，这种刻画是为了更好地描述工程问题，同时给予制定规范时一定的理论上的支持，而不纯粹是追求数学上的完美。

在 5.2 节我们提到，在一个网格系统中，两类元素是最重要的，一个是对象 (Object)，一个是操作 (Operation)。当抽象为虚拟系统时，相应的符号表示就分别映射为虚拟系统中的抽象对象和抽象操作。另外如果实际系统中还有一些关于操作和对象之间的关系，这些关系也会映射为虚拟系统中的抽象关系。这些抽象的对象、操作和关系组成一个泛代数系统，我们称为类型代数 (Type Algebra)。

形式上，一个类型代数系统是一个三维组 (O, F, R)，其中 O 是一个集合，其元素称为对象标记 (Object Markup)。F 是定义在 O 上的函数的集合。R 是定义在 $F \cup O$ 上的关系的集合。在实际问题中，O 中的元素称为对象标记，每一个对象标记有一个属性表 (Attribute Table)，这个属性表称为对象的类型 (Type)，或者叫对象标记类型 (Object Markup Type)。在任一时刻，一个对象标记在它的属性表中的每一个属性有一个赋值，这一赋值序列称为该对象标记的状态 (Status)。F 中的函数也叫作抽象操作 (Abstract Operation)，每一个函数相伴一个自然数，称为函数的秩，它相当于操作的参数个数，这个秩连同参数的属性称为抽象操作类型 (Abstract Operation Type)。作为函数，抽象操作类型可以作用于抽象对象，作用的结果是改变了对象标记的状态。这个状态通过符号串的方式传送给用户，称为消息。

假定 D 是一个关系型数据库，将其中的字段、数据，以及数据库上的操作抽象化之后形成一个符号系统，这个符号系统是具体的数据库的抽象表示，或者就是数据库的初始虚拟系统 V。实际数据库中的数据映射为 V 的对象标记，此处我们称为数据标记，字段映射为数据标记类型，该数据标记在每一个字段上的赋值称为该数据标记的状态。实体数据库上的操作组成 V 的函数，操作的秩和参数构成抽象操作类型，一个查询操作是由一个查询指令及一系列的跟随参数组成，这些参数规定了查询的内容和要求，这些参数序列就组成一个数据标记查询类型。每次发动抽象查询操作，返回由查询类型所指定的数据标记的当前状态消息，而数据标记的状态不发生变化。

由于操作是一个函数，所以操作总是和对象联系在一起，对象构成操作的参数。一组有序的操作称为一个服务 (Service)。在虚拟系统中，我们说操作只是在抽象的层次上来谈论，操作和对象之间的关系完全是符号的，它们之间只有相互格式的关系，不考虑它们的实际调用关系，比如一个操作与被操作的对象可能分布在若干个服务器上，而且可能不知道哪个资源具体实现这个操作，这种讨论可以使我们更加关心问题的本质，而不去关心如何去实现这类细节问题。

一个虚拟系统还可以继续被虚拟化，所得到的系统称为高阶虚拟系统。在这种多层次的虚拟过程中，我们感兴趣的是一种保持原来系统之间相互关系的虚拟化过程。例如，在网格系统中，一个学校的计算资源可以被虚拟为一些计算节点，每一个计算节点是虚拟系统中的一个对象，而在一个更抽象的讨论中，每一个学校又可以抽象为一个计算节点，这就形成了更高阶的虚拟系统。这种虚拟化的过程有一个很重要的性质，它保持了操作的一致性，如原来的一个操作从学校 A 的两个数据库中提取数据送到学校 B 的数据库，在低一级的虚拟系统中，是从学校 A 的两个计算节点提取数据，送到学校 B 的一个计算节点，而在高阶的虚拟系统中，这一操作抽象为在计算节点 A 提取两个数据送到计算节点 B，至于在计算节点 A 的两个数据是如何提取的，这一问题已经被隐蔽掉了。所有在一个学校内部不同计算节点的操作在高阶虚拟中被抽象为一个节点的自操作。这个性质之所以重要，是因为这种虚拟保持了操作的一致性，在数学结构上，这个高阶虚拟系统所对应的类型代数就是原来虚拟系统所对应的类型代数的商代数。形式地说：

设 R 是一个实体网格系统，P 是一个类型代数，称 P 是 R 的初始虚拟系统（Primary Virtual System），如果存在一个映射 $g:R \Rightarrow P$，使得：

(1)对于每一个资源 s，g 指定一个 P 中的对象标记，这个指定是 $1-1$ 的；

(2)对于每一个操作 o，g 指定一个 P 中的函数 h，这个指定也是 $1-1$ 的。h 模拟操作 o 在对象标记中的相应运算。

实际上，初始虚拟系统是实体系统的等构的(equi-structure)符号表示系统。

设 S，A 是两个虚拟系统，称 A 是 S 的虚拟系统，如果对于相应的类型代数 S^* 和 A^*，存在一个同态 $f:S^* \Rightarrow A^*$，使得：

(1)对于每一个 S^* 对象标记 s，f 指定一个 A^* 中的对象标记；

(2)对于每一个 S^* 的函数 g，f 指定一个 A^* 中的函数 h。

当同态 f 不是 $1-1$ 的，A 称为 S 的高阶虚拟系统(higher order virtual system, HOVS)，否则 A 称为 S 的等阶虚拟系统(same order virtual system, SOVS)。在这种情况下，A^* 是 S^* 的关于同态 f 的商代数。一个虚拟系统 S 的再次虚拟化过程称为正则的(regular)，如果新的虚拟系统 A 是 S 的高阶虚拟系统，这里特别提出的是，高阶虚拟系统一定要有一个同态的存在，否则尽管虚拟化过程可以进行，但是得到的虚拟系统不一定是原系统的高阶虚拟系统。同态定义了一个对象标记的等价类,在一个等价类中的对象标记在高阶虚拟系统中被映射为同一个对象标记，而操作被重新定义为等价类之间的操作。这一点可以方便地把一个低阶虚拟系统中的规范转化为高阶虚拟系统中的规范。这就是我们为什么要把虚拟化纳入一个数学框架，这样在处理规范和标准等问题时会给我们带来很大的方便。也是从这个角度，初始虚拟系统就具有特别重要的意义。事实上，关于规范和标准的制定，在初始虚拟系统上的处理是最关键的。

设 A 与 S 是虚拟系统，A^* 与 S^* 是相应的类型代数，如果 A^* 是 S^* 的商代数，则 S^* 中的多个对象标记在同态下可以有相同的象，即 S^* 中的多个对象标记对应 A^* 中的一个对象标记，这时 S^* 中的不同函数可能对应到 A^* 中相同的函数，这个对应是由商代数结构自然导出的，也可以看作是 S^* 中的函数到 A^* 中函数的映射 MAP。现在对于 A^* 中的一个函数 f^*，它在 MAP 下的逆象称为 f^* 的操作丛(Operation Bundle)。由 f^* 计算它的一个逆象的过程称为回拉，我们这里称为绑定(Binding)。绑定是一个语义解释，因此操作丛的结构对于设计语义解释程序或接口程序是很重要的，基于不同的操作丛的结构，有不同的语义解释方法，如指称语义、逻辑语义、代数语义，当然最基本的是操作语义，这是一种对于抽象操作对象到低一级抽象操作对象的直接指定，从初始虚拟系统到实体系统的绑定经常采用这一方法，而其他的语义解释方法一般用于从高阶虚拟系统到低阶虚拟系统的绑定。

5.4　同型与异构性

异构(heterogenous)这个词现在被随心所欲地使用，但是究竟什么叫异构，还没有很好的定义，从各个不同的技术的和工程的角度，异构被赋予极其不同的含义。例如，两个数据库，如果仅仅它们的字段不同，那么这两个数据库能够说成是异构的吗？如果它们的指令集有所不同，那么不同到什么程度才能称为是异构的？如果它们都符合 SQL 标准，那么还能不能说它们是异构的？诸如此类的问题反映了对于什么是异构这样的问题，我们事实上还是处于就事论事的阶段，而且这种状况目前看不出来有什么改善。

当我们从数学的角度定义了虚拟系统，似乎很自然地可以导出关于异构的定义。比如说，我们可以定义两个实体系统是同型的，如果它们的初始虚拟系统所对应的类型代数是同构的；两个实体系统是异构的，如果它们不是同型的。这个定义看起来很完美，但是在技术上是没有用处的，因为按照这个定义，几乎所有的系统都会是异构的，这个定义太苛刻了。事实上，如果我们对两个不同的实体系统逐步去虚拟化，我们会逐渐掩蔽掉两个系统之间的异构性，而得到抽象的只反映系统操作和对象之间关系的类型代数，虚拟的层次越高，两个类型代数建立同构的可能性越大。在这种情况下，我们期望最终两个类型代数之间是等价的。这里我们不去定义什么是等价的类型代数，一个原因是我们不知道如何去定义等价性，使其具有很好的技术上的现实性。另外，我们不想把这个报告写成一本数学教材，粗略地说，两个类型代数是等价的，如果它们上面的一阶逻辑是等价的(这样的说法在数学上似乎可以，但是从技术实现的角度可能还有问题）。

图 5-1 是重要的，它说明了我们如何通过虚拟化过程实现两个异构系统之间的语义变换，或者说操作解释。TA_i 和 TB_i 分别是两个不同的实体系统对应的类型代数，当虚拟到一定程度后，两个虚拟系统所对应的类型代数可能就是等价的，这时通过等价就可以实现两个系统的语义连接。现在还不清楚这个过程是否能够用一种程序化的方式来完成。

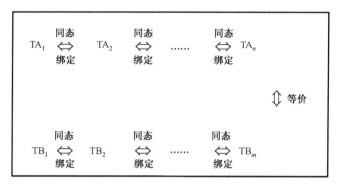

图 5-1　系统虚拟化的层次结构与等价性

虽然我们这里处理了关于异构系统之间的语义连接和操作解释问题，但是我们仍然把关于什么是异构这样的问题留下来。我们没有说什么是异构，只是说异构的系统如何实现语义之间的变换。这种方式在技术上到底有没有用处，希望在以后的实践中加以检验。

图 5-1 还有一个重要的推论是，如果我们知道了一个系统各级类型代数的同态和绑定，那么在其中任意一级代数上（虚拟系统上）制定标准和规范都是可以的，都能够方便地转化为其他一级类型代数上（其他阶的虚拟系统上）的标准和规范。甚至可以转化为另外一个网格系统的标准和规范。问题是，现在我们没有耐心去建立这么多级的类型代数，并且比较它们之间的各种同态、绑定及等价关系。因此我们不得不对每一个不同的系统去分别建立标准和规范。从理论上讲，我们不是不能建立一个统一的标准和规范，而是我们无法建立统一的虚拟化系统，不同的研究人员对于系统有不同的理解，因此他们总是按照自己的理解来设计虚拟化过程，导致即便实体系统是相同的，虚拟化以后的系统也会是极度不相同的。然后再分别去制定各自的标准和规范，所以现在的标准和规范是五花八门的。

第 6 章

网格标准的理论描述

有了第 5 章的数学基础，我们就可以用它来对网格标准进行理论上的描述了。这么做可以加深我们对概念的理解，从而制定出更为合理的标准。

6.1 描述要点

我们当前正在制定的标准可以分为三大部分，即总体类标准、核心类标准及工具模块类标准。由于各个网格在开发时，都是借鉴了已有的网格规范，同时根据自己的网格功能要求，作了一些修改，事实上已经形成了各自的标准系统，如 ChinaGrid 的 CGSP，这些规范与网格系统的体系结构、资源管理、运行模式是紧密联系的，因此不可能要求重新制定统一的系统规范。这次网格标准的制定，目标定位在：①便于不同的用户独立开发应用系统和维护网格平台；②便于不同的网格之间互联互通。

关于目标①，从网格平台的角度，主要侧重于平台中与用户相关的一些界面部分的规范，这些界面包括资源描述、作业控制、状态查询，以及日志和安全设置等，这些部分需要开放给用户作为应用系统开发参考的内容。这些界面的功能主要是面向所有用户的"一般性"功能。平台标准的制定是对这些"一般性"功能的描述，提供接入和交互方式。而对于用户自己特殊需要的功能应该在部署规范中解决，不是平台标准的总体类和核心类所考虑的问题，因此在整个标准系统中，专门有一个应用部署标准来支持用户的特殊需求接入和响应。

关于目标②，则是考虑把不同网格之间的访问和资源调用看作是服务的请求和提供。因此通过借用或制定部分服务标准来描述网格之间互联互通的问题。由于不同网格之间的服务关系是对等的，为使标准精简和易于实现，要求这些网格的虚拟化层次应该基本相当，如对资源的描述应该有大体相当的内容，对作业的描述也需要有基本相似的结构等。这些问题需要对不同网格的系统进行仔细的比对和分析。

目标①和②在本质上是相通的，因为用户对网格的使用也可以看作是一种互联互通，只不过用户对网格的使用是不对等的和多样的，而网格之间的服务请求其内容大体上是稳定的，这种差别在标准的制定上会有较大的不同，但是其基本实质应该是一样的。

　　前面我们已经多次提到网格标准应该是针对所有用户的"一般性"功能，而应用系统考虑用户的"特殊性"功能。但是什么功能属于"一般性"，什么功能属于"特殊性"，还没有明确定义，这次网格标准的制定希望解决这个问题。事实上，在不同的网格平台开发过程中，已经对网格平台的功能作了仔细的研究和实现，为了达到网格之间的互联互通，需要对这些已经存在的功能再作分析，使得不同网格平台的功能基本对称。另外现在的网格平台在功能上还存在一些重叠和空白，也有些不尽合理的方面，这些也需要通过网格标准的制定来予以改进。下面就几个重要的部分分别予以讨论。

6.1.1　资源相关的标准

　　资源是网格最重要的组成部分，所有对网格的规范都包含了对资源的描述，这里面包含资源的属性、发布、申请、调用、挂起、撤销等方面。而且这些标准是与整个网格标准密切相关的，一旦这些标准变动可能会引起整个网格结构上的变化。因此资源标准主要遵从已有的 Web 服务系列标准，不作大的修改。跨网格调用资源时，需要考虑关于本地网格资源的标准。但是跨网格调用资源是指作业从其他网格传输到该资源上进行调用，而不是把资源调到其他网格去，因此关于资源的操作永远是本地的，只有作业是外地的。在网格之间的互联互通时，所需要考虑的仅仅是网格的属性描述，在这一点上希望各网格资源在属性的裁剪上应该有大体一致的内容，这样在实现外网格作业调用时，资源属性匹配比较容易实现，否则如果在资源属性内容上缺少对应，将会产生对作业资源需求无法正确翻译的问题。一个作业在从网格 A 向网格 B 申请服务时，其对于网格 A 的资源要求表将被翻译成网格 B 的资源要求表，只有当两个网格之间的资源属性有很好的对应关系时，这种翻译才有实际意义，保证作业在网格 B 上的顺利完成。要特别注意不同网格之间资源属性表的对应关系。

　　资源的属性分为静态和动态两种，静态的是指随着时间变化缓慢或不变化的属性，如软件的名称、CPU 的数目、存储器的容量等；而动态的是指随时间变化的属性，如 CPU 的空闲、网格的带宽等。这些资源属性应该放在一个数据中心，以利于用户去使用这些资源属性信息。

　　不同的网格关于资源的操作可能是不同的，不仅是指语义上的不同，甚至在语法上也是不同的，这些部分的翻译和解释会是十分困难的，除非对两个网格内部结构都有很清楚的了解，这是一个过高的要求。因此在制定网格标准时，要特别注意不同网格之间资源属性表的对应关系。但是没有必要对资源的操作类型和方式也予以规定。一个资源如何管理和操作是网格平台内部的事情，而且是在网格系统标准中描述，应该允许网格平台保留其资源操作与管理方面的独立性。

6.1.2　工作流相关的标准

　　工作流是网格处理的最重要的对象,我们把用户发往系统的消息(请求、询问、消息、作业)都叫作作业。而把作业按照一定逻辑关系所形成的组合称为工作流。工作流的单元是具体的作业，而组成这些作业的逻辑运算有顺序执行、并发执行、条件执行(if—then)、等待执行(wait for)、中断执行(break)等。把作业组合为工作流由一个安装在应用系统端的软件完成。一个用户定义好工作流，从提交到执行，有许多具体的问题需要在标准中加以约定。在网格平台系统的标准，将只保留最简单的处理作业的功能。这些功能仅仅包括对作业的响应、作业的资源匹配、作业的执行、作业的挂起和作业的撤销。这些最基本的作业操作应该是所有的网格必须包括的。

　　在网格平台中，由一个称为容器或作业池的部件来处理作业，作业首先被提交到这里，然后进行资源匹配并发送作业，当作业完成后，相关资源会返回一个完成信息，如果情况异常则会返回一个相应的信息。网格平台只需把这些信息返回给用户接口端就可以了，由用户接口端来根据这些信息控制处理工作流的下一步提交。在这样的框架下，工作流被分解为一个个基本的单元作业，并根据工作流的结构逐个向网格平台提交作业，这些提交是依据逻辑结构来安排的。工作流中对作业的复杂组合关系的处理交给应用系统的软件来完成，而网格平台只需要执行关于作业的最简单的操作。

　　由于工作流是网格平台最重要的处理对象，所以关于工作流的规范对网格平台的体系结构也有较大的影响。不同的网格平台往往采用不同的工作流规范，因此造成现在工作流规范五花八门的情形。任何一个独立开发的网格平台都不会照搬一个工作流标准来作为自己的工作流处理模式。因此每一个网格平台在工作流的处理方式上多多少少是不同的，这就给不同的网格互联互通带来很大的问题。强迫所有网格采用一个工作流标准是不可取的，因此我们建议在不同的平台上兼容 BPEL 工作流规范(图 6-1 给出了一个 BPEL 工作流描述代码的例子)，同时保留各自对工作流处理的模式。建议兼容 BPEL 规范不是因为这个规范已经很好了，而是因为我们没有更好的选择方案。为了使这一规范的采用不至于引起网格平台系统较大的改动，将会开发一个相应的中间件来完成由 BPEL 标准到网格平台本地工作流标准的转换。也就是说，在每一个网格平台内部运用的是网格自己的对工作流处理的模式，而在网格之间交换的是 BPEL 格式的工作流描述。这个中间件开发的难度会依据网格平台本地工作流规范与 BPEL 之间的差异而不同。

```xml
<?xml version="1.0" encoding="UTF-8"?>

<process xmlns="http://docs.oasis-open.org/wsbpel/2.0/process/executable" name="template" suppressJoinFailure="yes"
        targetNamespace="http://template">
  <partnerLinks>
    <partnerLink myRole="cgspImageProcessingProvider" name="imageProcessingPartnerLink" partnerLinkType=
        "imageProcessing:cgspImageProcessingLinkType"/>
    <partnerLink name="grsServicePartnerLink_1" partnerLinkType="imageProcessing:grsServiceLinkType"
        partnerRole="grsServiceProvider"/>
    <partnerLink name="grsServicePartnerLink_2"
  </partnerLinks>
  <variables>
    <variable messageType="imageProcessing:ImageProcessingRequest" name="imageProcessingReqVar"/>
    ……, ……
    <variable messageType="imageProcessing:EPRMessage" name="eprVar"/>
    <variable messageType="grs:submitTaskRawRequest" name="submitTaskRawRequestCommonVar"/>
    <variable messageType="grs:submitTaskRawRequest" name="submitTaskRawRequestVar"/>
    <variable messageType="grs:submitTaskRawResponse" name="submitTaskRawResponseVar"/>
    <variable messageType="grs:submitTaskRawRequest" name="submitTaskRawRequestVar1"/>
    <variable messageType="grs:submitTaskRawResponse" name="submitTaskRawResponseVar1"/>
    <variable name="ProgramsAddrPrefixVar" type="xsd:string"/>
    <variable messageType="grs:startTaskRequest" name="startTaskRequestVar"/>
    <variable messageType="grs:startTaskResponse" name="startTaskResponseVar"/>
    <variable messageType="grs:getTaskStatusRequest" name="getTaskStatusRequestVar"/>
    <variable messageType="grs:getTaskStatusResponse" name="getTaskStatusResponseVar"/>
    <variable messageType="grs:getTaskStatusResponse" name="getTaskStatusResponseVar1"/>
    <variable name="grsStatusVar" type="xsd:string"/>
    <variable name="grsStatusVar1" type="xsd:string"/>
    <variable messageType="grs:destroyTaskRequest" name="destroyTaskRequestVar"/>
    <variable messageType="grs:destroyTaskResponse" name="destroyTaskResponseVar"/>
  </variables>
  <sequence name="Sequence">
    <sequence name="Sequence">
      <receive name="bpelReceive" createInstance="yes" operation="imageProcessing" partnerLink=
          "imageProcessing-PartnerLink" portType="ImageProcessingServicePT" variable="imageProcessingReqVar"/>
```

```
<assign name="Assign"/>
<invoke name="submitTaskToGrs_1" inputVariable="submitTaskRawRequestVar" operation="startTask"
    outputVariable="submitTaskRawResponseVar" partnerLink="grsServicePartnerLink_1"
    portType="grs:GeneralRunningServicePortType"/>
<assign name="Assign"/>
<invoke name="startTaskInGrs_1" inputVariable="startTaskRequestVar" operation="startTask"
    outputVariable="startTaskResponseVar" partnerLink="grsServicePartnerLink_1"
    portType="grs:GeneralRunningServicePortType"/>
<assign name="Assign"/>
<while name="WWWWWW">
  <condition/>
  <sequence name="Sequence">
    <wait name="Wait1" waitType="Duration" waitExpression="wait12">
      <for>wait12</for>
    </wait>
    <invoke name="getTaskStatus_1" inputVariable="getTaskStatusRequestVar" operation="getTaskStatus"
        outputVariable="getTaskStatusResponseVar" partnerLink="grsServicePartnerLink_1"
        portType="grs:GeneralRunningServicePortType"/>
    <assign name="Assign"/>
  </sequence>
</while>
</sequence>
<flow name="Flow">
  <sequence name="Sequence">
    <sequence name="Sequence">
      <assign name="Assign"/>
      <invoke name="submitTaskToGrs_3" inputVariable="submitTaskRawRequestVar"
          operation="submitTaskRaw" outputVariable="submitTaskRawResponseVar"
          partnerLink="grsServicePartnerLink_3" portType="grs:GeneralRunningServicePortType"/>
      <assign name="Assign"/>
      <invoke name="startTaskInGrs_3" inputVariable="startTaskRequestVar" operation="startTask"
          outputVariable="startTaskResponseVar" partnerLink="grsServicePartnerLink_3"
          portType="grs:GeneralRunningServicePortType"/>
      <assign name="Assign"/>
      <while name="While">
```

```
    <sequence name="Sequence">
      <wait name="Wait" waitExpression="wait2">
        <for>wait2</for>
        <until/>
      </wait>
      <invoke name="getTaskStatus_3" inputVariable="getTaskStatusRequestVar"
            operation="getTaskStatus" outputVariable="getTaskStatusResponseVar"
            partnerLink="grsServicePartnerLink_3" portType="grs:GeneralRunningServicePortType"/>
      <assign name="Assign"/>
    </sequence>
  </while>
</sequence>
<sequence name="Sequence">
  <assign name="Assign"/>
  <invoke name="submitTaskToGrs_4" inputVariable="submitTaskRawRequestVar"
        operation="submitTaskRaw" outputVariable="submitTaskRawResponseVar"
        partnerLink="grsServicePartnerLink_4" portType="grs:GeneralRunningServicePortType"/>
  <assign name="Assign"/>
  <invoke name="startTaskInGrs_4" inputVariable="startTaskRequestVar" operation="startTask"
        outputVariable="startTaskResponseVar" partnerLink="grsServicePartnerLink_4"
        portType="grs:GeneralRunningServicePortType"/>
  <assign name="Assign"/>
  <while name="While">
    <sequence name="Sequence">
      <wait name="Wait">
        <for/>
        <until/>
      </wait>
      <invoke name="getTaskStatus_4" inputVariable="getTaskStatusRequestVar"
            operation="getTaskStatus" outputVariable="getTaskStatusResponseVar"
            partnerLink="grsServicePartnerLink_4" portType="grs:GeneralRunningServicePortType"/>
      <assign name="Assign"/>
    </sequence>
  </while>
</sequence>
```

```
    </sequence>
    <sequence name="Sequence">
      <assign name="Assign"/>
      <invoke name="submitTaskToGrs_2" inputVariable="submitTaskRawRequestVar1"
            operation="submitTaskRaw" outputVariable="submitTaskRawResponseVar"
            partnerLink="grsServicePartnerLink_2" portType="grs:GeneralRunningServicePortType"/>
      <assign name="Assign"/>
      <invoke name="startTaskInGrs_2" inputVariable="startTaskRequestVar" operation="startTask"
            outputVariable="submitTaskRawResponseVar" partnerLink="grsServicePartnerLink_2"
            portType="grs:GeneralRunningServicePortType"/>
      <assign name="Assign"/>
      <while name="While">
        <sequence name="Sequence">
          <wait name="Wait">
            <for/>
            <until/>
          </wait>
          <invoke name="getTaskStatus_2" inputVariable="getTaskStatusRequestVar"
                operation="getTaskStatus" outputVariable="getTaskStatusResponseVar"
                partnerLink="grsServicePartnerLink_2" portType="grs:GeneralRunningServicePortType"/>
          <assign name="Assign"/>
        </sequence>
      </while>
    </sequence>
</flow>
<assign name="Assign"/>
<invoke name="destroyTaskInGrs_1" inputVariable="destroyTaskRequestVar" operation="destroyTask"
            outputVariable="destroyTaskResponseVar" partnerLink="grsServicePartnerLink_1"
            portType="grs:GeneralRunningServicePortType"/>
<invoke name="destroyTaskInGrs_2" inputVariable="destroyTaskResponseVar" operation="destroyTask"
            outputVariable="destroyTaskResponseVar" partnerLink="grsServicePartnerLink_2"
            portType="grs:GeneralRunningServicePortType"/>
<invoke name="destroyTaskInGrs_3" inputVariable="destroyTaskRequestVar" operation="destroyTask"
            outputVariable="destroyTaskResponseVar" partnerLink="grsServicePartnerLink_3"3
            portType="grs:GeneralRunningServicePortType"/>
```

```
    <invoke name="destroyTaskInGrs_4" inputVariable="destroyTaskRequestVar" operation="destroyTask"
            outputVariable="destroyTaskResponseVar" partnerLink="grsServicePartnerLink_4"
            portType="grs:GeneralRunningServicePortType"/>
    <assign name="Assign"/>
    <reply name="bpelReply" operation="imageProcessing" partnerLink="imageProcessingPartnerLink"
            portType="imageProcessing:ImageProcessingServicePT" variable="imageProcessingRespVar"/>
  </sequence>
</process>
```

图 6-1　一个 BPEL 工作流描述代码的例子

在这里需要注意的是，所谓工作流标准并不规定作业的内容和书写格式，具体作业的内容是用户自己书写的，这是与网格平台管理无关的内容，网格只是根据用户的要求去装配相适应的服务。因此开发的标准主要描述作业执行时所需要资源的格式与形式，由作业组成工作流的描述格式与形式，以及在作业执行过程中用户需要得到的一些网格服务(如执行中的监控、异常情况的告知与处理等)，标准只是对这些方面进行规定，以便在本地网格平台提交作业，特别是实现跨网格平台提交作业时，远端网格平台同样能够实现作业的执行和理解用户的需求。这些与作业执行相关的内容，如资源需求声明、网格服务需求声明、用户特殊要求声明、作业执行日志等应该用一种标准的方式来书写，并且始终与作业捆绑在一起，存在于作业的整个生命周期内。在对一个工作流进行处理时，实际上是对其中各个作业的执行顺序进行控制，前面已经说过这由用户接口来管理，网格平台只是把作业执行的情况反馈给用户接口，用户接口会参照用户写在作业上的要求来作出响应。这种模式在跨网格平台使用时，可能会引起执行速度的减慢，因此可以考虑在网格平台内设置一个代理，使得这些消息的传递只是在两个网格平台的中心服务器之间进行，而不是由远端网格与本地网格的终端之间来传递。把作业所需要的服务描述与作业捆绑在一起可以方便地实现这一功能。对于一些遗留作业，由于没有捆绑关于网格服务要求的描述，可以用一种默认的服务模式来处理。这样标准就兼容了原有的作业格式，自然也就兼容了其他的作业格式。换句话说，当在本地网格中应用时，由本地网格的服务器与终端的用户直接进行服务消息传递；而在跨网格应用时，由本地网格的指定代理与远端网格进行服务消息传递。

作业执行是网格服务中最经常也是最重要的内容，作业执行策略的好坏直接关系到网格的应用性能，同时作业执行策略的选择也会对网格的结构产生影响。在应用的方便性、网格的运行效率，以及跨网格作业调度的可实现性这几个指标方面寻求平衡。标准的编制恰当与否，在很大程度上决定了上述几个指标的性能。网格平台应该实现作业处理的最简单的功能，而把一些实际上与用户需求相关联的功能放在应用系统的开发中去实现。这里面一个重要的原因(不是唯一的)是我们无法满足用户的所有要求，与其这样，不如就不去考虑各种可能的用户要求，而只是面向网格平台实现最基本的功能，也可以使得网格运行起来比较稳定和可靠。但是这不排斥有些网格平台具有规范以外的复杂的作业处理功能，这完全依赖于开发人员的偏好。这里只是说，从标准的角度，为了容易实现跨网格的作业调度，要求网格平台必须有最基本的功能。

　　一个典型的场景是应用系统向网格用户提供流媒体服务，为了提高信息流的传递速度，应用系统将随时预测用户需要的信息流内容，并将这些内容预先送到用户最近的服务器中，以便用户真正需要的时候，很快提供服务。在这种情况下，一方面，每一个信息流单元连同送达的地址是一个独立的作业，这些独立的作业可以并发地提交到网格平台的作业池里。另一方面，一个预测系统会向用户接口提出请求，将一些流信息打上地址标记，使其成为一个作业，然后被挂到工作流上去，进入作业提交过程。在这个场景中，工作流是自动生成并不断动态变化的。工作流的起始作业是用户点播的节目，其后就会根据用户的点播和系统的预测不断加长这个工作流。由于是流媒体服务，所以如果一个作业没有被完成或中间出现异常情况，除非用户要求，该作业一般选择被放弃，即用户接口对作业提交后的任何反馈信息不再响应。这是一个工作流一旦被启动执行就会不断自动更新的例子。

6.1.3　日志相关的规范

　　日志记录了网格平台的运行状态，对于管理和用户来说，日志都是十分重要的资源。从网格平台的角度，建立一个好的日志系统，有利于完善网格平台的管理和运行，经常通过日志对资源的服务质量提出评价，可以提高网格平台的运行效率，减少系统故障。从用户的角度，通过日志可以改善使用网格的效果，并且及时预测网格平台出现的问题，采取有效措施予以避免。可以了解网格平台对作业执行的运行轨迹，从而及时调整执行策略。日志对于用户来说是必不可少的，但是如何确定日志的内容却是一件复杂的事情，因为在网格上每天发生的事情很多，用户在提交作业时碰到各种各样的问题，资源的静态配置与动态属性的变化也是经常变动的，所有这些都应该有所记录。从一个标准制定的角度，建议对最基本的网格运行状态进行记录，这些最基本的状态可能包括资源的配置状况、资源属性的动态变化、用户对资源的请求及响应状况、用户向网格提交作业及执行的情况、网格异常情况、网格维护和升级信息等。所有这些信息不是面向所有用户，用户将根据权限来获取这些信息。一个最基本的权限就是，用户可以获取公共发布的及与自己作业执行相关联的日志信息。有些用户需要一些更复杂的日志信息，这些信息可以通过基本日志信息组合生成，这些需求将在用户自己开发的应用系统中去完成，不宜放在网格平台中来实现。

设计合理的日志系统可以使我们方便地重建网格运行的历史场景，因此日志的每一条记录应该包括时间戳和地址戳。以此为基准可以进行日志信息的数据融合。在一个网格平台内部，时钟的校对应该没有问题，在不同网格之间应该有一个时钟校对协议，这不仅对于日志记录来说是重要的，对于跨网格平台的资源调用也是重要的。

6.1.4　通知与资源的动态管理

根据网络服务(WS)的定义，通知是指网络系统向用户发出不需要用户响应的消息。在网格的运行中，通知是经常发生的事情，根据用户的定制模式，需要将网格的状态信息告知用户，这些状态信息里面，特别是关于资源的变化信息、网格的异常信息等，要经常地通知用户。因此通知在网格规范制定中也是一个重要的内容。

通知与上面所说的日志这两部分是相联系的，实际上，通知就是把一些日志内容主动地告知相关用户。从网格标准的角度，我们不好规定哪些内容是属于通知的内容，因为所有的内容都可能成为用户感兴趣的通知内容。当前的标准将规范明确用户征订通知的方式(包括内容)、公共通知的内容(不需用户征订强行发布的通知)及通知的表达格式。现在几大网格上没有开发通知发布系统，为实现跨网格的通知传递，通知应该采用 XML 的格式，并且开发一个中间件将其内容转化为接近自然语言的形式。

对于用户来说，通知是重要而且需要经常关注的消息，用户根据通知了解网格平台的运行状态，以及是否有异常情况发生，及时调整自己的作业提交策略。通知和用户查询是不同的，用户查询一般是针对用户特殊关注部分进行询问，而通知是告知网格运行的一般状态，如一个用户需要调用一个资源时，可能会发出一个询问，了解这个资源的当前状态，但是如果中间的网络或服务器发生故障，用户可以通过通知来获取信息，这些异常状况的信息一般不是通过询问来获取的，否则用户要做的询问太多，从效率上说是极不合理的。

WRSF 规范中有关于通知的部分，可以予以参照。网格中有许多资源，这些资源的状态会是经常变动的。昨天正常使用的一个 CPU，今天可能被病毒侵扰而不能使用。一个数据库可能因为维修需要关闭一段时间，一段网络的畅通情况更是会经常变化。这些关于资源的动态信息是网格消息管理的重要部分，利用通知来及时向用户告知一些主要资源的当前状况是很有必要的。

6.2　握手与通道

用户装好应用系统，并且写好服务清单，这时应用系统需要与本地服务器进行消息交互，以实现应用系统的部署。这个过程称为应用系统与网格平台的握手。

握手的内容包括，网格平台对用户的身份进行认证并且提供该应用系统一个登录号码，这个号码将伴随该应用系统的整个生存周期，网格平台将会根据用户的服务清单为该应用系统建立一个管理项目，实现用户的定制要求。

握手成功以后，应用系统与网格平台将建立五个通道，如图 6-2 所示，这些通道分别是：①资源管理通道，用于交换资源状态的消息；②作业管理通道，用于用户的作业提交和消息返回，是用户使用网格的主要通道；③日志管理通道，用于用户建立个人日志的信息获取；④安全管理通道，用于用户的身份管理和安全监控等；⑤通知管理通道，用于网格平台的通知传递。这五个通道是从功能角度划分的，实际上资源状态信息、日志信息、通知信息都是存放在数据库里面的，作业管理是在网格平台的作业池或作业容器中进行的，而安全通道则是身份信息的识别与管理，所以从通道的内容上讲，也可以划分为作业通道、数据通道、消息通道和安全认证通道。

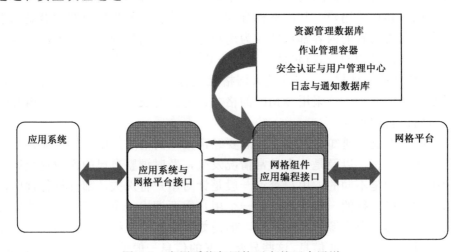

图 6-2　应用系统与网格平台的五个通道

通道实际上就是网格平台与应用系统之间主要的接口，因此标准要明确描述这部分的具体格式与内容，如握手协议的内容、通道的具体内容和表示形式等。

6.3　本　地　代　理

在整个系统的结构中，我们保持了网格平台在功能上的简单性和基础性，而把用户自己的特殊要求(定制)放在了用户端来管理，这样做势必增加了网格平台与应用系统之间的消息交互，但是付出这种代价是值得的，能够保证应用系统开发在功能上的灵活性和多样性。但是如果把所有的用户要求都放在用户自己的计算机里，会占据太多的网络通信时间，更糟糕的是，有时用户会关闭自己的计算机，不能去响应网格平台的消息，也许就造成用户作业的挂起。最好的解决办法是建议在用户的本地服务器上建立一个代理，将用户定义好的工作流复制到代理，代理将为用户的每一个工作流建立一个项目(句柄，Handle)，并且由代理来响应网格平台的各种消息。代理保存有用户在该工作流里面的各种控制策略及作业执行消息响应策略，代理根据这些策略来响应网格平台的返回消息，而不需要用户介入。其中工作流句柄指示工作流完整信息的地址和引用方式，而用户与服务器可以就工作流句柄进行通信。句柄的变化相对是很少的，甚至在工作流生存期间可以是不变的，而工作流本身的内容可能会经常变化。

这样的管理方式似乎使用 BPEL 会方便一些，BPLE 是一个工作流的管理规范，有许多支持 BPLE 的软件可以实现这些功能。代理是放在一台服务器上的，一个应用系统的代理地址是与该系统的登录号码捆绑在一起的，找到了系统的登录号码就找到了代理的地址。所以即使对于远程访问的用户来说，也很容易找到他所定义的代理服务器。代理的设置对于移动计算的用户来说也是有好处的。

6.4 移 动 性

有些用户喜欢带着笔记本电脑跑来跑去，也有些用户需要在外地使用网格，这就带来了移动使用的问题。移动使用问题解决的复杂性依赖于用户手里的设备，如果用户使用笔记本电脑，则问题就简单得多，而如果使用一部手机的话，问题就会很复杂。这里我们只讨论使用笔记本电脑的情景。在这种情况下，用户手里的笔记本电脑具有很强的储存能力和信息处理能力，而且基本上携带了用户所有的使用网格平台的信息。这时网格平台所要做的就是将用户的登录请求进行核实后，找到该用户的登录号码和项目管理服务，并且根据登录号码找到用户本地代理，然后建立一个隧道，实现跨域甚至是跨平台的用户服务。这样做的方式保持了用户使用网格平台的一致性，不会因为异地登录感到使用上的不方便。在上一节中讲到的代理在移动环境中是十分重要的，用户在提交作业时，直接向代理提交工作流，然后就可以关闭自己的计算机，当移动到另外的地方再打开计算机继续原来的工作。

使用功能远远低于笔记本电脑的其他 PDA，问题要复杂得多，并且对于不同的 PDA 会有不同的解决方案，这里不再讨论。

6.5 程 序 设 计

网格环境下的程序设计不属于标准制定的内容，但却是标准制定工作所必须考虑的背景。现在用户要使用网格解决问题，必须编写相应的程序，以实现所需要的资源调度和网格管理。但是由于网格本身的特点，现有的一些关于并行编程、多进程编程的模式对于网格环境应用的编程来说并不适用。过去所有的编程技术有一个共同的特点，就是对即将执行程序的处理器或设备是完全清楚的，而且基本上被认为是可靠的。而在网格环境下，用户对将要执行他的作业的设备可能一无所知，而且设备的性能是动态变化的和不可靠的。用户只能对他所提交的作业之间的连接关系，以及对于作业执行的资源性能提出要求，然后交给网格平台去匹配这些要求，同时还要对各种可能出现的问题提出处理方案。这种编程的方式和目的是全新的。过去的编程过于涉及具体的执行细节，而网格环境下的编程就不可能这么细地去描述执行。

网格编程应该能够隐蔽掉各种资源的复杂性和异构性。在制定网格标准过程中要充分考虑这一新的变化，充分利用虚拟技术来实现用户面向虚拟资源的编程，并且通过规范中所约定的绑定来实现具体的作业执行和请求响应。在前面，我们讨论标准制定的时候，提出作业与资源要求表单捆绑，设置作业管理代理及用户系统工作流管理等，都是为了实现新的这种网格环境下的程序设计。特别强调一点，网格环境下的程序设计指的是如何描述作业之间的执行关系，以及对资源的匹配要求，而不是作业内部的具体内容，这些具体内容是通常的程序编写时已经写好的，并且在提交到具体资源执行时才被打开。换句话说，网格环境程序设计做的工作是将一些乐段整合为一首完整的乐曲，而不是去编写每一个乐段。Foster 和 Kesselman 在 *The Grid 2: Blueprint for a New Computing Infrastructure* 说过，网格环境将要求重新思考现有的编程模式，而且极有可能出现更加适合网格环境新颖模式的新思路。我们希望规范编写工作能够推进这一目标的实现。

6.6　与外网的连接

当前国际上已经有很多比较成熟的网格系统，有些网格系统是开放运行的，只要符合系统的描述格式，可以方便地提交作业。因此就小规模应用或偶尔应用的网格应该没有什么困难，但是作为两个不同的网格系统的真正互联，使得彼此的操作可以互相解释与实现，却仍然是一个困难的问题。

为了实现这一目标，首先就是网格规范和标准的问题。从系统层面而言，以网络服务为基础的规范系列已经越来越多地被采用，因此将来建立在 WS 技术标准上的网格系统实现互通应该没有理论问题，但是由于 WS 仅仅是技术标准，而实现网格互通还有很多地区政策性问题或经济问题，所以实现与外网互通仍然有很多问题需要解决。对于已经存在的网格系统，或多或少没有完全采取 WS 的规范或标准，则更需要有一种中间技术以保证不同规范之间的解释。

本章在规范的理论部分说明了不同规范之间相互解释的可实现性，但是作为具体的网格系统之间的互联，有几个事情仍需要注意。

第一，网格资源命名和状态描述之间的可解释性，这是十分关键的，否则双方的资源本身就变得不可辨识，失去了互联的基础。关于这一点应该尽量使得本地网格资源的描述接近 WSRF 的格式，有利于将来建立资源描述词典。

第二，互联网格之间的消息传递。互联网格要实现全面的连接，所提交的就不仅仅是作业，更多的是网格系统之间的各种消息通信，因此这些消息的格式也要符合 SOAP 标准，以利于互相识别。作业只是网格交互的一种消息。实际上，两个真正实现互联的网格系统，相互之间要交换的更多的是各种各样的消息，这些消息包含了系统本身的状态、运行参数及其他一些表示系统行为的信息。仅仅满足于提交一个作业，并且得到作业执行结果的回馈是不够的。

第三，网格系统之间的互联一定是把作业提交给对方网格去管理和执行，而不是把对方网格的资源接过来管理。因此以作业提交作为网格之间的任务交接是基本的概念，即使在云计算这种特殊的网格服务系统中，如果两个云之间需要进行相互服务，也应该是以作业提交的方式完成。

第 7 章

元信息服务

7.1 概　　述

元信息是关于信息的信息，也称为元数据。比如说对于一个文档，它的内容包含着许多信息，而它的标题、存储位置及占用空间等就是它的元信息。元信息具有如下几个特点。

(1)可选的。元信息用来描述数据，它是一种附加信息，因此提供什么样的元信息是可选择的。

(2)结构化的。因为元信息描述数据的属性，所以它是一种结构化的数据，遵循一定规则产生，便于用户的信息检索和查询。

(3)明确的。元信息是通过人为手段得到的，它的产生不具有偶然性，因此它必须是明确的。

(4)公开性。元信息能够帮助用户进行信息的查询，因此必须对用户公开。

网格系统是一个典型的分布式系统，资源信息分布较为分散，且随着时间的变化而动态变化，对信息的高效处理是网格系统设计的一个重要指标。网格中存在着海量的资源，包括底层基础资源到上层应用和用户的资源信息，这些资源都需要元信息来进行描述，因此提供一个良好的元信息服务对管理网格、应用网格的操作和构建都是至关重要的。网格中元信息包括各种数据资源、计算资源、服务及其他相关实体的描述。故而，元信息服务就是完成对网格计算环境中信息的发现、注册和修改等工作，提供对网格计算环境的一个真实、实时的动态反映。综上所述，它应该具备如下几个功能及需求[1]。

(1)信息注册。元信息服务需要提供一种机制使用独立于特定域的元信息属性来对逻辑名称进行关联，这个过程称为信息注册。在网格系统中，只有经过注册的信息才可以被请求者使用，同时该机制需要支持预先定义的模式或根据用户自定义的属性所扩展的模式来对相关虚拟组织及用户元信息属性进行存储。

(2)支持内容查询。对于在给定属性值的一个特定查询，元信息服务必须能够返回一组空值或与指定元信息属性相匹配的数据与值。同时，元信息服务还需要返回一个或多个额外与逻辑名字属性相关的元信息。

(3)支持更新。网格资源具有动态变化的特点，因此必须对网格内资源元信息相关数据进行实时更新。由于任何资源都存在改变的情况，所以不仅动态信息需要按照一定频率进行更新，静态信息也要支持更新操作。这里元信息的更新只是对描述网格资源的属性进行修改、增加和删除等。

(4)支持聚合。元信息服务提供将一个特定领域的数据映射到一个集合或一个视图中的功能。例如，对于一组实验的元信息，就要避免将每个属性分配到单独的集合或视图中。该功能为数据发现提供了便利，用户只需要知道部分特征就能够找到需要查询的集合，然后再在该集合中进行更深层次的搜索，从而提高了搜索的效率。此外，该功能还要求能够进行访问控制，为不同的组织提供独立的视图。

(5)支持关于大数据集的元信息操作。目前，数据集及它们相应的元信息的规模已经变得十分巨大。通常情况下，元信息与它们所描述的数据是独立存储的。元信息服务在提供存储大规模数据功能的同时要保证良好的性能，如在高频操作时保证低时延的查询和更新操作。

(6)元信息服务还必须通过实现一些策略来保证服务的可靠，如一致性、身份认证、授权和审计功能。通常情况下，元信息服务需要对内容保持严格的一致性，如果出现不一致情况就会导致数据项的不正确识别从而使得数据分析不准确。认证和授权是对应于元信息服务中对数据的增加、修改、查询和删除的权限管理。审计则包含两个方面，记录相关元信息的创建者和创建时间，以及生成对特定元信息数据的所有访问的日志，包括用户身份和已执行的动作。

7.2　功　能　架　构

7.2.1　总体描述

基于上述功能描述，元信息服务不仅仅是一个存储元信息的数据库系统，而是一个为网格环境定制的特殊服务，它的架构体系需要包含如下几个部分。

(1)支持数据聚合和映射的数据模型。

(2)支持域无关的元信息属性的标准模式及支持用户自定义扩展模式。

(3)支持数据库访问机制。

(4)存储和访问元信息的标准 API。

(5)一系列策略模块，提供数据一致、访问控制、身份认证和审计。

图 7-1 给出了基本的元数据功能架构图，它包含元信息和数据存储模块，并

提供了它们的映射和关联的关系，同时提供控制模块进行访问控制、一致性保证等功能。用户可以通过外部接口或一些特定协议进行元信息数据访问、查询等。

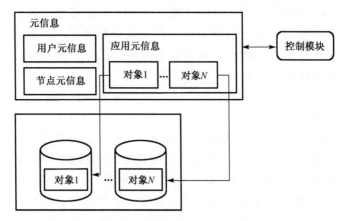

图 7-1　元信息功能架构模型

目前，不同的组织都设计了不同的元信息服务架构，按照不同的架构类型，可以分为以下三种。

（1）中心服务架构：Globus1.1.3 采用中心服务架构，该架构方式设计简单，但不易于扩展，一些动态信息难以得到及时更新。

（2）分布式架构：分布式架构采用多节点设计方案，各地资源信息服务等设置 Cache 功能，用来缓存其他地方的信息。

（3）对等 P2P 架构：进一步解决了中心服务架构性能的"瓶颈"问题，提供节点之间相互交互来进行元信息更新。

各系统的元信息服务实现比较多，比较有代表性的有 Globus 的 MDS[2]、SRB 的 MCAT[3]及基于 OSGI-DAI 的 MSC[4]等。下面对它们进行详细的介绍。

7.2.2　MDS

MDS（Metacomputing Directory Service）是目前应用比较广泛的元信息管理技术，它最早出现在 GT2 中，面向网格环境中数目巨大、地理上分布广泛且具有动态性的各种资源和服务，MDS 主要完成对这些资源和服务的描述信息的发现、注册、查询、修改等工作，提供对网格服务环境的一个真实、实时的动态反映。

MDS 目录结构遵从 LDAP[5]模型，即轻量目录访问协议。在 LDAP 目录中，信息是基于树形结构进行存储的，称为目录信息树（DIT）。DIT 由很多表示资源的主体组成，每个主体具有唯一表示，并且可能包含其他多个属性值对，由这些信息来描述该资源。目前，MDS 可提供如下信息服务。

（1）网格计算环境中存在的资源。

(2)网格计算环境的状态信息。

(3)基于当前的网格计算环境的网格应用的优化信息。

MDS 主要由网格资源信息服务(grid resource information service, GRIS)和网格索引信息服务(grid index information service, GIIS)组成。通过网格环境中部署 GRIS,可以实现信息查询请求,如获取主机名称、节点操作系统版本号等静态信息,也可以获得可用 CPU 数和内存大小等动态信息。GIIS 则提供一种类似于网络搜索引擎的缓存服务,将各种服务结合起来以方便网格应用程序进行搜索和查询。该部分内容在本章第三节会进行详细介绍。

此外,完整的 MDS 也可以搜集和发布基于其他协议的信息,如 SNMP、NIS、NWS 等,其简单架构模型如图 7-2 所示。

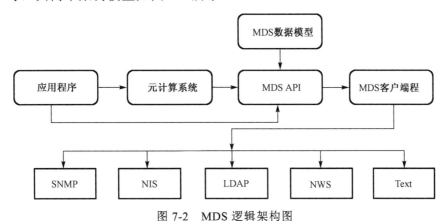

图 7-2　MDS 逻辑架构图

7.2.3　MCAT

MCAT(Metadata Catalog)是美国圣地亚哥超级计算中心开发的资源存储代理系统(SRB)中的一个组成部分,负责提供元信息服务。MCAT 能够保证不同 SRB 服务器上的副本及全局的名字空间的一致性。它有如下几个特点。

(1)支持存储用户、数据集、资源及相关方法的元信息,也支持存储详细控制访问信息。

(2)提供聚集抽象。

(3)支持在数据集中保存、审计、追踪数据。

(4)提供可扩展、分布式的数据模式支持。

(5)提供元信息交互 API 协议,如 MAPS。

(6)提供核心模式实现,如 MCAT Core-Data、Dublin Core。

MCAT 主要包括两个组件:一个关系型数据库、一个或多个 MCAT 服务器。MCAT 服务器与其他 SRB 服务器类似,但它提供与 MCAT 的连接并负责将服务器或客户端的请求转换成负责的数据库查询。而关系型数据则对应实现元信息的注册系统，用于存储与 SRB 中数据集、用户、授权、资源相关联的各种元信息。SRB 也可以通过 MCAT 查询、建立和修改元信息。

如图 7-3 所示，MCAT 元信息查询过程包含以下几个步骤：首先，用户向 MCAT 提交查询请求，该请求可以采用 MAPS 的格式或直接使用 MCAT 的内部模式，即 Schema。如果采用前者格式，则需要将 MAPS 请求转换成其内部模式；然后采用动态查询生成模块，根据不同的 Catalog 类型生成不同的 SQL 请求并向数据库提交该请求；最后可以将结果返回给查询模块，通过各式转换后将数据返回给用户。

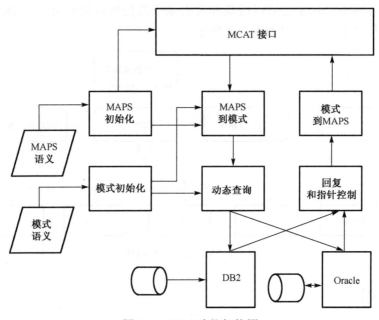

图 7-3　MDS 功能架构图

目前，MCAT 采用了联邦式的目录架构（Federated Catalog Architecture），SRB 划分成各个 zoneSRB，每个 SRB 都拥有自己的 MCAT，内部之间可以直接进行访问，不同的 zoneSRB 和 MCAT 之间采用 P2P 的交互方式来进行数据与元信息的同步更新。其简单示意图如图 7-4 所示。

7.2.4　MCS

MCS（Metadata Catalog Service）是架构在标准的 Web Service 和 OSGI-DAI 网格服务之上的目录服务，它提供的元信息服务包括信息发布、数据发现和访问，同时也允许用户基于数据的属性对数据进行查询。在 MCS 中，元信息包括以下几类。

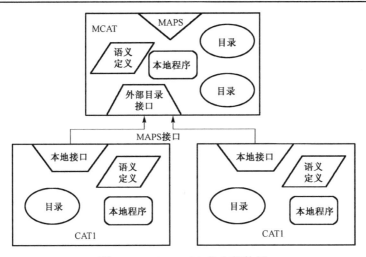

图 7-4　MCAT P2P 分布架构图

(1)物理元信息：描述物理存储设备上数据的特征信息和副本位置信息。

(2)域独立元信息：该元信息是指这样的一些数据，对于一些数据对象，存在一些通用的元信息属性，它与创建数据的应用或虚拟组织无关。

(3)域相关元信息：与应用、虚拟组织或特定用户相关的元信息。

(4)用户元信息：描述用户网格的信息。

图 7-5 给出了 MCS 的功能实现架构图。它提供的元信息服务包括信息发布、数据发现和访问，也允许用户基于数据的属性对数据进行查询，其前端采用了 Apache Web Service，同时后端采用了 MySQL 数据库。客户端应用程序通过使用 MCS API 进行 MCS 访问。如图 7-5 所示，MCS 客户端使用 SOAP 发送查询到 MCS 服务器；然后 MCS 服务器通过与 MySQL 数据库交互来执行这个查询操作，之后对该结果进行打包返回给 MCS 客户端；最后再将结果返回给客户端应用程序。

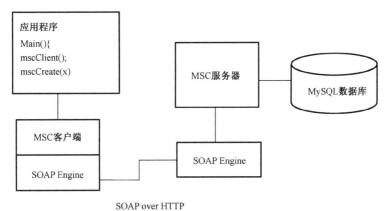

图 7-5　MSC 功能架构图

7.3　模　块　描　述

本节以 MDS 为例对网格元信息服务相关的关键问题进行详细描述。

7.3.1　元信息提供者及信息类型

元信息服务组件的信息主要由信息提供者提供。在 MDS 中，信息的提供者包括核心信息提供者、通用信息提供者和自定义信息提供者。各种关键信息由核心信息提供者提供，因此核心信息提供者是必不可少的。通用信息提供者和自定义信息提供者分别提供不必需的信息和某些特定应用的特殊信息。

在 MDS 中，核心信息提供者把相关数据交给 LDAP 服务器，并由 LDAP 服务器生成可供查询的数据，这些数据包括当前负载状态、CPU 配置、操作系统类型和版本、基本文件系统信息、空闲磁盘空间、内存和虚拟内存、网络接口和网络互连状态等。

通常情况下，MDS 支持两种基本协议：GRIP（Grid Information Protocol）和 GRRP（Grid Registration Protocol）。GRIP 用来访问关于实体的信息，因为信息提供者拥有不止一个实体的信息，因此 GRIP 同时支持发现和查询两种功能。而 GRRP 则定义了一种通知机制，如信息提供者使用 GRRP 来通知他的可用性给 MDS 用于索引，或者 MDS 使用 GRRP 来邀请一个信息提供者加入一个虚拟组织。它是一种软状态协议，用 GRRP 建立的软状态需要不断地由通知来刷新，否则状态将被丢弃。

通过上述协议，MDS 有效地避免了高层服务与信息提供者的直接交互，如此做的好处是有利于支持不同的高层服务和信息提供者，减少对网格计算环境的各种资源和服务的修改。

7.3.2　元信息服务模型

元信息服务模型决定了功能架构的服务特点，同时也决定了采用某一模型的元信息服务组件所能支持的数据及其处理效率。因此，元信息服务模型是进行功能架构设计的重要模块。目前，比较常用的模型有如下几个。

1．层次模型

MDS 是典型的层次架构模型。7.2 节介绍过 MDS 目录结构遵从 LDAP 模型，基于轻量目录访问协议实现。通过使用 LDAP，可以在信息目录的正确位置读取或存储数据。LDAP 定义了四个基本模型来描述它的工作机制。

（1）LDAP 信息模型：定义了目录中存放信息的基本单位和类型。目录中信息的基本单位为记录(Entry)，每个记录为一个属性集合，每个属性含有一个属性类型，以及相应的一个或多个的值。记录类似于一个对象，属性则是用来描述该对象的特征。

(2)LDAP 命名模型：定义了目录的组织和查询方式。LDAP 指定目录记录需要被组织成树形层次的结构，即目录信息树(directory information tree, DIT)。图 7-6 是 DIT 的一个示例，DIT 的根节点称为 root DSE(Root Directory Specific Entry)，其他每个节点都存储信息，并且都有一个唯一的路径连接到根节点，通过这条路径可以为该节点赋予一个和它存储的信息相关联的名称，这个名称就是该节点的 DN(Distinguished Name)。

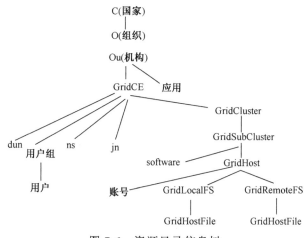

图 7-6　资源目录信息树

(3)LDAP 函数模型：定义了访问和更新目录的操作。这些操作分为三类。①查询操作，查询某个记录并返回结果。LDAP 既支持根据分区名查询，也支持根据某一属性进行检索。②更新操作，这类操作是指对记录及其属性进行增加、删除和重命名。③认证及控制操作，主要针对客户端认证及控制某些交互行为。

(4)LDAP 安全模型：定义了如何保护目录信息，防止未授权的用户对目录信息进行访问和修改。

LDAP 和普通数据库相比有诸多的优点，表现在其协议是跨平台的，可以在任何平台的计算机环境使用 LDAP 客户端软件去访问 LDAP 服务器，此外，其读速度较普通数据库要快很多，并支持服务器分布式部署，支持各条记录属性的可变性等。

MDS 基于 LDAP 模型实现了层次化元信息服务体系，其包含两个基本实体组成：高度分布的信息提供者和集合目录服务，其结构如图 7-7 所示。

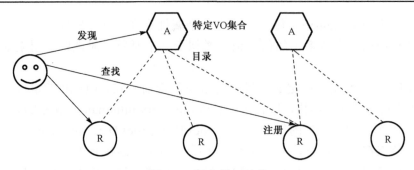

图 7-7　层次模型结构

2. 关系模型

关系模型就是用二维表或关系来表示网格信息。一个关系就是一个对象类型，对象有一系列（属性，值）来定义，采用关系来定义对象指节点关系。关系模型能够表达对象之间的任何关系，这点使得采用关系模型的元信息服务系统能够比层次模型的元信息服务系统要强得多，后者仅仅是表示了"父子"关系。关系模型的主要代表是 R-GMA，它可以作为一个巨大的关系型数据库。

然而，关系模型的一个主要缺点是分布式管理能力弱，这使得它难以在网格环境下广泛地应用，它不能像层次模型那样能够自然地按照管理域对网格元信息进行组织。传统的关系模型并没有针对分布式管理域进行设计，甚至没有多个管理域的概念。

3. 基于 OGSA 的元信息服务模型

在 OSGA 中，一切都被视为网格服务，它采用 XML 来描述各种网格元信息，并且与 Web Service 技术中的 SOAP、WSDL、UDDI 和 WS-Inspection 紧密结合，提供更加方便和有效的网格元信息服务。

由于基于 OSGA 的元信息服务模型主要采用 XML 来描述信息，既包括上层网格服务管理，也包括下层网格服务维护，所以这类系统也属于层次模型，具有层次模型的优点——适合于网格信息的分布式管理，易于系统规模的扩大。

另外，基于 OSGA 的元信息服务又是一种典型的面向对象的系统，能够表达复杂的对象关系，这不仅提供了最基本的信息访问接口，用户还可以动态地添加自己需要的丰富、灵活的信息服务操作。

最后，在 OSGA 中，所有的资源都被包装成服务，其中的元信息服务已经不再是一个独立的模块，其实现与具体服务的实现有密切的联系。基于 OGSA 的元信息服务模型主要通过规范定义注册表、句柄解析、网络服务端口类来实现。图7-8是一个"图书馆书籍预约"实例，如果该服务是一个网格服务，书籍预约成功后会得到如下的服务数据。

```
<wsdl:definitions>
  <gwsdl:portType name="bookReservationType" extends="ogsi:GridService">
    <wsdl:operation name="reserve">
      <wsdl:input message="reserveMsg"/>
    </wsdl:operation>
    <sd:serviceData name="BookValue" type="xs:String"
            minOccurs="1" maxOccurs="1" mutability="mutable">
      <sd:documentation>
          The Book is reserved for you..
      </sd:documentation>
    </sd:serviceData>
  </gwsdl:portType>
</wsdl:definitions>
```

图 7-8　图书馆书籍预约实例

综上，基于 OSGA 的元信息服务模型继承了层次模型，对象模型等多个信息模型的优点，同时又摒弃了它们的缺点，已经成为目前网格元信息服务设计的一个重要参考模型。

7.3.3　元信息服务组件

元信息服务组件是建立信息提供者和元信息数据之间沟通的桥梁，是实现数据生成、数据分布、数据存储、数据搜索、数据查询和数据显示灯功能的关键部件，因此它们是上述各种功能架构的重要模块。以下是对几种常见的元信息服务组件的简单介绍。

1. GRIS 和 GIIS

GRIS 和 GIIS 是 MDS 中的重要部件，分别称为网格资源信息服务和网格目录信息服务。用户访问 GRIS 和 GIIS 的情况如图 7-9 所示。

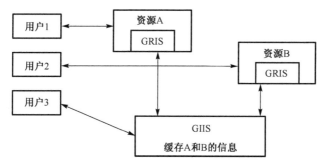

图 7-9　GRIS 和 GIIS 交互示意图

如图 7-9 所示，GRIS 和 GIIS 的工作原理如下：首先，GRIS 被部署在资源所在的节点上，资源 A 和资源 B 可以通过其节点上的 GRIS 直接将自己的信息注册到 GIIS 所在节点上。如果客户需要查询某一种资源的信息，他可以采用以下两种方式：①直接向管理资源的 GRIS 发出查询请求，由 GRIS 负责处理该请求；②向 GIIS 发出查询请求，GIIS 先查询自身的缓存信息，如果已经过期，则通过 GRIS 进行相关信息更新，否则将直接返回缓存中关于用户请求的资源信息。

GRIS 是一个标准的、可配置的信息提供者框架，采用 OpenLDAP[6]实现，并且加入了特定的信息源和模式。每个 MDS 资源可运行一个本地的 GRIS，默认情况下，GRIS 可以自动配置。

GRIS 可以响应网格计算环境中其他系统的元信息查询请求，在对请求进行安全鉴别和解析后，根据请求信息的类型把查询请求分发到一个或多个本地信息提供者，当得到返回信息后，GRIS 能够对信息提供者返回的信息进行汇总，并将最终结果返回给信息查询的请求者。另外，为了缩短响应时间、提高部署的灵活性，信息提供者的结果可能在一定的时间间隔内进行缓存，同时支持对信息提供者返回结果的过滤操作，这些控制操作需要由 GRIS 来完成，简化信息提供者实现及获取更高的查询性能。

GIIS 是一个聚集目录的框架，通过 GIIS 可以构成一个层次结构的简单聚集目录框架，形成分布式的信息服务。GIIS 框架由 OpenLDAP 服务器的特定后端服务来实现，其由三个主要部分组成：通用注册处理、可插入的目录构造和可插入的搜索处理。

2. 索引服务

在 GT3 中，MDS 的功能归入了 OSGI 核心框架中，一些信息资源和资源层服务合并，还有一些功能则作为上层服务提供。OSGI 内核提供了通用接口，把元信息服务的数据查询和服务数据通知订阅映射到了具体的服务实现机制中。而索引服务(Index Service)则是 GT3 中提供信息聚合的服务，它的功能相当于 MDS 中的 GIIS，但其扩展性要强于 GIIS。

索引服务是一个聚合服务数据的通用框架，它添加了称为 Base Services 的组件，该组件的元信息服务就是通过索引服务来实现的。索引服务就是为来自多个网格服务实例状态信息的服务数据提供索引，以便于资源发现、选择和优化。一般来说，一个索引服务对应一个虚拟组织，它提供了收集、聚合和查询本组织成员的服务数据的功能，可以按需动态创建服务数据。如图 7-10 所示，该架构模型主要由服务数据提供组件、服务数据聚合组件和注册组件三部分组成。由图 7-10 可知，索引服务处于用户与底下资源层之间。其中资源层的网格服务可以通过中间的索引服务的注册组件将自身的信息注册到索引服务中，并允许外部基于 JAVA

等的可执行信息提供者应用程序来动态生成服务数据。用户可以通过订阅或使用OSGI 提供的查找指令来获取服务数据。

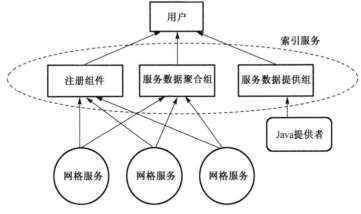

图 7-10 索引服务结构图

索引服务本质上就是一个提供访问、聚合、生成、查询服务数据功能的操作接口，它使用一种可扩展的框架来管理静态或动态的数据，主要包括以下功能。

（1）提供一个连接外部服务数据提供者和服务实例的接口。

（2）提供从其他服务聚合服务数据的通用框架。

（3）提供一个网格服务的注册表。

（4）提供一个动态的数据生成和索引节点。

索引服务支持把数据变化异步通知给所监听的 OSGA 目的节点，并支持创建服务器端来订阅其他 OSGA 服务的服务数据，并支持服务数据的永久保存。

参 考 文 献

[1] Deelman E, Singh G, Malcolm P. Grid-based metadata services. Proceedings of the 16th International Conference on Scientific and Statistical Database Manangement, Santorini, 2004.

[2] MDS. http://www.globus.org/mds/.

[3] MCAT. http://www.gridpp.ac.uk/gridpp6/gridpp6_clrc.ppt.

[4] Singh G, Bharathi S, Chervenak A, et al. A metadata catalog service for data intensive applications. ACM/IEEE Supercomputing, 2003.

[5] Undestanding LDAP. http://www.redbooks.ibm.com/redbooks/pdfs/sg244986.pdf.

[6] OpenLDAP: http://www.openldap.org/.

第 8 章

监控服务

8.1 概　　述

对于分布式系统来说，分布式组件的性能监控是至关重要的。无论是错误检测、性能调试和分析，还是性能预测、提高应用效率，都需要监控。典型的网格应用系统是由很多元素构成的高度复杂的分布式环境，其中间件和一些工具力图向用户隐藏其中大量的复杂性。在系统运行正常的情况下，隐藏复杂性是一种很好的特性，但是在系统出现问题时，这会带来很大的困难。此时，有必要提供一种办法来让用户准确地看到系统中发生了什么。换句话说，网格监控的目的主要是在分布式广域网的环境下，给网格系统一个完整的全局的视图，为网格的运行和管理提供必要的状态信息。

网格监控是网格功能的重要组成部分，是保证网格系统正常运行和实现网格优化的关键所在。完整的网格监控系统应该具备下面几方面的功能。

(1)获取资源基础的软硬件信息。例如，CPU 数目、CPU 速度、内存大小、存储能力大小、操作系统类型等。

(2)获取资源的实时负载。例如 CPU 利用率、内存利用率等，为网格调度服务提供依据。

(3)获取网格任务状态，用户提交任务以后，跟踪监控网格任务。在任务结束以后，计算任务对资源的消耗。

(4)存储数据。网格监控系统应该具有保存历史数据的功能，为以后的性能分析、数据挖掘等提供支持。

(5)网格域的信息。为了方便网格的管理，一般会把网格资源按照域组织起来。网格域并不一定按照地理划分，而是一个抽象的概念。网格监控系统需要记录域内用户、用户组信息、域内资源信息。这是网格监控系统和机群监控系统的一个重要区别。

(6)资源的控制。网格监控系统不仅要采集资源的状态信息，还需要提供一些资源的控制功能。监控系统不仅仅读取资源的状态信息，而且提供途径对资源的状态进行干预。控制功能一般需要结合资源特性作对应开发。

除上述功能之外，人们对网格监控系统通常还有如下一些要求。

(1)可扩展性。网格监控系统既可以部署在校园局域网上，也可以建立在大型网格系统上，既要能监控有多个节点的机群，也要能监控独立的大型计算机。因此，网格监控系统需要随着网络规模的变化而扩展，允许资源的动态加入或退出而不影响整个系统。

(2)灵活性。由于环境的多样与需求的变化，从一开始就确定逻辑结构并将所有最终实现包含进去是不现实的，所以需要一个灵活的系统，在系统的模型、协议和实现内，用户有充分的自由依据实际情况部署这个系统，并可以进行扩展。

(3)可维护性。管理员可以容易地部署、配置、检查和管理监控系统，由于网格系统的巨大规模，可维护性对系统的可用性至关重要。一方面需要好的用户接口，另一方面系统内部应引出智能化的设计，自动完成一些事情，减少用户的直接干预。

(4)高性能。高性能强调监控系统对被监控系统的资源占用小，这些资源包括系统资源和网络资源，这样才能获得比较准确的结果，同时，只有这样的监控系统才是实用的。快速响应操作端的反映事件，监控系统应该能在尽可能短的时间内反映出网格中的故障。

(5)可用性。可用性包含两个方面，即提供的功能数目与数据准确性，但它与资源占用低的要求矛盾，因此需要根据实际情况进行权衡。这两个方面都需要占用系统资源，因此在两者之间应相互权衡，这点与用户需求关系密切。

(6)健壮性。监控系统自身不能给被监控的系统带来新的安全隐患。另外，系统要具有一定的自动适应复杂环境和处理意外事件的能力，尽量减少人工干预。这里不仅包括监控系统自身的健壮性，而且包括被监控系统的健壮性。

(7)安全性。网格把分布在多个地理位置上的资源连接起来，网格监控就会跨越多个地理域。各个资源的安全管理策略是不同的，监控信息只能由授权用户访问，尤其是提供了管理功能的资源，更需要考虑安全认证功能。

8.2 技 术 难 点

由于网格的异构性、资源分散广、动态变化大，开发网格监控系统面临着一些难题。

(1)网格资源的多样性。网格的发展将包含硬件、软件和外部设备等多类型的资源，它们不仅种类繁多，而且不同资源间有复杂的逻辑关系，如何对这些资源进行建模、组织、访问需要研究。

(2)被监测资源数量巨大。网格系统将走向联合，形成全球规模的大系统，如此众多的资源无法被放到一个平面内进行统一管理，结构化的方法成为必需。通过结构化的方法，可以进行资源的划分，从而实现分而治之。但对大量资源的划分和组织是复杂的，涉及的因素有地理位置、拓扑结构、资源类型、资源间关系、用户需求等。下面的特征有助于这个问题的部分解决。

(3)被监测资源具有内在逻辑结构。目前的局域网和因特网基本是任意互连结构，其中的资源缺少内在逻辑结构的描述与限定。网格虽然也不限定特定结构，但在现实应用中，会体现出与其功能分布、数据流图等特征对应的逻辑拓扑结构，从子结构可以复合出复杂结构。对于这种情况可以采取划分子结构的方法，以有助于资源的组织与管理。这个特点尽管提供了一些帮助，但对这样的拓扑结构进行描述，其自身就是比较复杂的事情。

(4)被监测资源的动态性。不仅被监测资源有不断变化的性能数据，而且被监测资源自身(元数据)也处于不断变化中，比如操作系统中的进程、新进程不断生成，同时运行结束的进程不断消失。这两种动态变化的数据是分别处于两个层次上的，性能数据要依附于元数据，那么对于监控系统，必须探求对有关联的数据进行管理的有效方法。

(5)监控系统自身的负载。监控系统需要对被监控的资源进行测量，难免会影响资源的运行，但它也希望能获得被监控的资源较少受到外界干扰情况下的性能数据；另外，被监控系统自身也不希望受到外界的影响，这不仅仅因为会影响其性能，而且因为这样的影响有可能最终对系统造成巨大影响，以至于完全改变系统原有的运行。如何尽可能地减少对资源的干扰，是一个要解决的问题。

(3)、(4)、(5)是(2)的解决方法，也是开发网格监控系统的难点。

8.3　常用监控模型与系统分类

8.3.1　常用监控模型

按照监控系统所采用的体系结构，目前网格领域中已经有闭环模型、层次模型、生产者/消费者模型、基于资源自主逻辑的监控模型等诸多模型。

1. 闭环模型

闭环结构的典型代表有 CODE[1]、Autopilot[2]等，其特点在于资源监测和控制相结合，将对由监测组件(称为 Sensor)收集的状态数据进行分析处理，然后通过执行组件(称为 Actuator)来调整或控制相关资源的行为，而这又将影响到资源的后继工作状态——这种反馈机制是实现动态、智能的实时监控不可缺少的。然而，通常情况下，资源的状态信息具有特殊的时效性(有效期短)，过了一定的期限后采集的数据就不能正确反映资源的当前状态，也就失去了实际意义，故采用闭环结构的系统须具备监控事件的快速同步处理能力，这无疑对相关的组成元素，尤其是传输监控事件的网络和分析判断组件，提出了很高的性能要求。因此，在网格异构资源分布在广域网络的环境中，闭环模型的局限性很大。另外，关于闭环模型还没有较为一致的标准，意味着其不同的实现之间的互操作性不理想。

2. 层次模型

在层次模型中，底层服务/资源通过向某个索引服务注册可以为外界所发现；索引服务之间亦可相互注册索引；底层服务/资源的状态变化也可以反映到索引服务中，由索引服务向外公布底层的变化。层次模型中各模块功能明确，且已经有统一的标准(如 OGSI、WSRF 等)，容易实现互操作，因此在当今的网格实践中被广泛采用，但是在监控领域则主要针对变化频率相对缓慢的信息(如部署在节点上的服务信息)，而对于 CPU_LOAD 等变化频率很高且事件数量很大的信息来说，其效率和性能有待验证。采用层次模型的典型代表是 Globus Toolkit 中的 MDS[3]，即监控与发现服务。

3. 生产者/消费者模型

生产者/消费者模型见于 GGF 所发布的网格监控体系结构(grid monitoring architecture，GMA)草案[4]，图 8-1 给出了 GMA 模型的基本模块，它包含了三种类型的组件：生产者(Producer，产生性能数据)、消费者(Consumer，接收使用性能数据)、目录服务或注册表(Directory Service 或 Registry，支持信息发布和发现)。生产者将其资源类型、入口位置、对外提供的监控数据的结构等信息向目录服务注册；消费者能在目录服务中查询满足自己需求的生产者信息，并根据生产者注册时提供的位置信息对其进行定位，然后消费者直接跟生产者联系，获取性能数据。消费者也可向目录服务注册，以便于在以后有新的符合其需求的生产者注册时，及时获取目录服务的通知，同时也可以满足生产者主动获取消费者信息的需求(订阅/通知机制，Subscription/Notification)。图中的事件(Event)是指与实体相关并由特定数据结构表达的具有时间戳和类型的数据集合，它是各种信息的载体。

4. 基于资源自主逻辑的监控模型[5]

基于资源自主逻辑的监控模型，亦称为基于资源自主逻辑的网格监控架构(plug-in monitoring and information service architecture, PIMISA)，图 8-2 给出了它的示意图。PIMISA 的设计理念是：网格上的共享资源首先是其提供者(又称为"管理域")的，理所当然需接受提供者的直接管理；同时为了使网格系统能正常运行，共享资源还需要服从网格系统本身的调度和管理，资源的动作相应地称为"管理域行为"和"网格行为"。为使得共享资源既能遵从本地管理，又能保证良好的网格行为，PIMISA 在逻辑上将网格监控分为资源本地和系统全局两个监控视图：前者指共享资源内部的监控，而后者是在前者的基础上针对网格系统/平台本身和其上的应用逻辑(business logic)。PIMISA 中的"资源自主逻辑"的概念如下：管理域根据实际情况来动态设定资源的管理逻辑，由部署在本地的网格监控组件来保障这些管理逻辑的实施；在得到授权许可的情况下，其他管理域/用户可以对本域的资源进行管理控制。

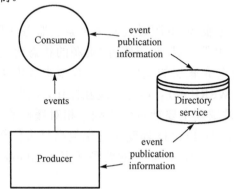

图 8-1　GMA 中的基本组件及其交互

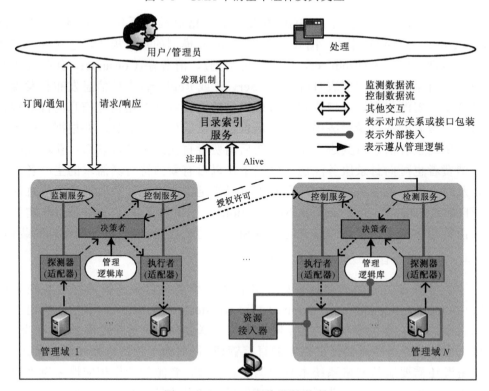

图 8-2　PIMISA 网格监控体系

　　在功能和实现上，PIMISA 强调下面几点：①在资源本地进行资源状态的实时监测和分析，按照其提供者根据自身意愿设定的管理逻辑（即资源的共享规则）自动进行相应的控制操作，实现资源的自主管理；②因为在资源本地实行闭环结构的监控模型，不可避免地将引起一定的开销，这对于处理能力低下或负载已经很重的共享资源来说可能是不愿意见到的，所以 PIMISA 提出了一种"第三方资源接入"（Third-Party Mount）的模式，允许将一个管理域的资源的实时状态分析工作转移到其他管理域进行；③在系统全局这一视图中，各管理域采用"服务"的方式，将本地的监控元数据信息对外发布。这样不仅能采用一些广为接受的标准，如 SOAP、OGSA 等，还能将各网格元素间的耦合松散至最低程度。

8.3.2　监控系统分类

　　目前国际上分布式系统的监控系统数以百计，基于 GMA 模型中监控组件的角色定义，根据监控系统中生产者和再发布者的特征，可以将现有的监控系统分为四类[6]，如图 8-3 所示。图中 S 代表传感器，P 代表生产者，R 代表再发布者，H 代表再发布者的级联组合（Hierarchy），C 代表消费者。

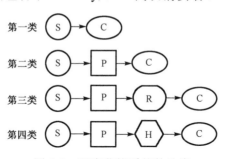

图 8-3　现有监控系统的分类

　　第一类监控系统中，事件直接从传感器传给消费者。传感器把全部测量数据保存在本地，缺少通用的生产者 API 来访问。这类系统又称为自包含系统，只能通过预定义的固定途径访问（比如 GUI 或者 HTML 页面），一般是系统内置的 Web 界面的监控工具。典型的系统有欧盟数据网格（Data-Grid）项目中的 MapCenter[7]、DataTag 网格项目中的 GridICE[8]（又名 InterGrid Monitor Map and EDT-Monitor）。

　　第二类监控系统是只有生产者的监控系统。传感器由生产者管理或通过生产者提供功能，事件可以通过生产者提供的通用 API 远程访问。这类系统相比自包含系统要灵活一些。GrADS 网格项目中的 Autopilot 系统[2]是此类系统的实例。

　　第三类监控系统是生产者–再发布者系统。这类系统中存在一个或多个集中或分布式的用于专门目的的再发布者，这些再发布者的组合方式是平行且固定的。

这类系统的实例包括 IPG 网格项目中基于 CODE[1]（Control and Observation in Distributed Environments）的监控系统（安全、可扩展的远程资源监测与控制）、GridRM[9]（集成网格节点上多种监控源）、Hawkeye（计算机集群监控管理）、网络应用程序日志工具包 NetLogger[10]、HBM[11]（Globus Heartbeat Monitor，系统可靠性和故障检测）、JAMM[12]（Java Agents for Monitoring and Management，基于传感器管理的主机监控）、GridLab 网格项目中的 Mercury[13]（组织级别的监控系统）、资源监控系统 ReMoS[14]（Resource Monitoring System，运行时本地及广域网网络性能检测）、欧盟 CrossGrid 项目的 OCM-G[15]（On-line Monitoring Interface Specification Compliant Monitor，交互式应用程序的监控系统）、SCALEA-G[16]（面向服务的监控与性能分析系统，针对应用程序和硬件资源）及网络气象服务 NWS[17]（Network Weather Service）。

　　第四类监控系统是再发布者可以按照任意结构组合的复杂监控体系。这类系统具有潜在的伸缩性、高度灵活性，可以用于构建网格监控服务。目前比较著名的网格监控系统和工具有 Ganglia[18]、MonALISA[19]、R-GMA[20]（Relational GMA）等。

8.4　监控系统的标准架构

　　基于上述分析，参考已有网格系统中监控子系统的实现方式，我们提出了如图 8-4 所示的监控系统的标准实现架构。从图 8-4 中可以看出，该监控系统工作在共享资源的本地监控设施之上，力图提供一套紧凑的工具集，在屏蔽底层具体实现细节的同时提供丰富的功能和统一的访问入口，使上层具体应用（如显示、性能分析和预测等）的构建尽量方便。

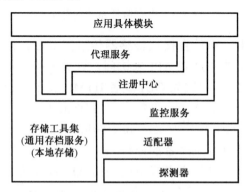

图 8-4　网格监控系统的标准实现架构

监控系统标准实现架构中涉及的主要功能模块描述如下。

1. 探测器、适配器和监控服务

在这三者之中，探测器是真正采集资源性能数据的实体，适配器用于接入和整合第三方的资源监控工具，翻译异构数据表示，监控服务用于屏蔽性能数据采集和转化的具体细节，对外提供统一的访问入口，同时支持 PULL 和 PUSH 这两种工作方式，满足各种不同的需求。在实际应用过程中，探测器直接部署在被监控对象之上，通过本地方法获取目标系统范围内的性能状态数据；适配器负责将目标系统上已有的第三方监控设施或不同类型的探测器接入针对目标系统的监控流程中；监控服务按照 WSRF、WSN（Web Services Notification）和 WSDM 规范来实现，将目标系统的监控数据以服务的形式对外发布。

2. 注册中心

注册中心的作用是接受监控服务的注册，维护目标系统的监控元数据信息（如监控服务的访问地址、服务类型等），简化具体对象的定位过程，并向用户提供查询接口。注册中心是整个网格监控系统中监控数据发现和定位的起点和枢纽。

3. 存储工具集

存储工具集用来在不同层次上对资源相关的数据进行不同精度的存档，使上层应用只需关注其自身的应用逻辑，而不必关心底层具体的数据收集细节。考虑到应用的多样性、异构资源的自治性和本地化特性，存储工具集提供主要提供如下两种服务。

（1）本地存储：部署在资源本地，用于存储其最精确的数据信息。由于本地存储主要为本地管理系统提供工作依据，所以在我们的监控标准中不予以考虑。

（2）通用存档服务：监控系统的一项基础设施，它根据目标系统自定义的规则和策略，对其发送的监控数据（可以是经过加工后的数据，也可以是原始数据）进行永久存档，便于日后使用。

4. 代理服务

代理服务以普通 Web 服务的方式向用户提供一组实用的监控数据发现和获取接口，其作用是向注册中心、通用存档服务和监控服务等转发用户请求（如订阅、实时数据获取、控制指示等），并将结果返回给用户。作为上层应用或用户的代表，代理服务屏蔽了用户与底层监控组件之间复杂的交互细节与交互过程，方便了用户的使用。

5. 应用具体模块

应用具体模块通过代理服务来获取目标系统的监控数据，然后根据应用的具体需要将这些数据呈现给用户。由于应用的多样性及需求层面的差异，这部分内容很难被标准化，所以在我们的监控标准之中也不予以考虑。需要指出的是，在大多数监控系统中，人们一般采用可视化的方式（如饼状图、散列图、对比图等）将系统中资源的当前信息和历史信息显示出来。

8.5　网格监控标准的参考实现：CGSV

CGSV（ChinaGrid SuperVision）是为 ChinaGrid 设计的分布式网格监控系统，是 CGSP 的一个子项目。CGSV 负责资源级、服务级、作业级、用户级的动态监控，它与信息中心一起构成 CGSP 的信息服务，提供一个全局的资源视图，使得最终用户透明访问网格环境上的计算节点、应用程序及各类仪器设备等。

CGSV 的设计目标是为 ChinaGrid 的网格用户和网格平台的其他模块提供不同级别的针对网格共享资源的监控、分析和优化服务，它在整个开放式网格服务架构（OGSA）中关注的范围如图 8-5 所示，中间层的监控分析、资源管理及优化体系都是 CGSV 关注的领域，而监控的对象既包括这一层的部分抽象实体，也包括底层的虚拟资源。

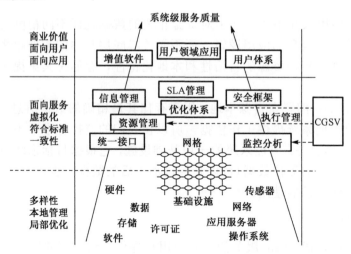

图 8-5　CGSV 在 OGSA 视图中关注的范围

CGSV 在设计过程中，除了考虑性能监控、分析预测和反馈优化等功能性需求之外，还考虑到伸缩性（scalability）、可扩展性（extensibility）、实时性（instantaneity）、可移植性（portability）、健壮性（robustness）和安全性（security）等非功能性需求。考虑非功能性需求是为了使得监控系统更好地适应网格的特点，给予用户更好的使用体验。

在实现上，CGSV 完全遵循 8.4 节中所给出的网格监控系统的标准实现架构。

图 8-6 显示了 CGSV 的一个部署和交互场景，图中的索引服务行使标准架构中注册中心的职责。监控系统的各模块安装并配置完毕之后，注册中心首先接受各模块的注册，包括监控服务、通用存档服务、代理服务，甚至是注册中心本身。当系统正常运行后，从节点到通用存档服务的数据流程运行，不受应用级别模块的影响。考虑到可视化工具对于请求响应速度的要求比较高，为了简化可视化工具的开发，对于用户请求的数据内容皆通过代理服务来完成。

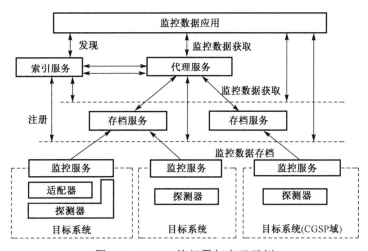

图 8-6　CGSV 的部署与交互示例

图 8-6 中各模块之间的主要交互过程说明如下。

（1）通过代理服务向注册中心获取目标节点或其他模块的元数据信息（包括定位和访问信息等）。

（2）根据用户的请求，代理服务向目标通用存档服务获取相关的历史信息。

（3）为了节省网络开销和提高工作效率，代理服务代表可视化工具向多个目标节点上的监控服务发送某些主题的订阅消息。

（4）在目标节点上检测到被订阅的主题有事件产生时，监控服务向代理服务发送通知消息。

（5）代理服务收到通知消息后进行解析处理，主动向可视化工具发送更新事件，或者等待可视化工具的下一次数据获取操作。

图 8-6 还同时展示了应用级别存储模块获取数据的可能途径。与可视化工具相比，应用级别的存储对响应速度没有那么严格的要求，故可以通过各种不同的方式来获取不同精度的性能数据，而且在数据获取的具体过程中可完成一些应用级别的过滤和整合功能，主要包括：①通过代理服务来获取各节点的性能数据；②直接从通用存档服务中获取历史数据；③直接从监控服务获取节点当前的性能数据；④直接从本地存储模块获取节点历史的性能数据。

参 考 文 献

[1] Hu M Z, Yang G W, Zheng W M. A resource-autonomy based monitoring architecture for grids. GPC 2006, LNCS 3947, 2006: 478-487.

[2] Zanikolas S, Sakellariou R. A taxonomy of grid monitoring systems. Future Generation Computer Systems 21, 2005: 163-188.

[3] Andreozzi S, De Bortoli N, Fantinel S. et al. GridICE: a monitoring service for Grid systems. Future Generation Computer Systems 21, 2005: 559-571.

[4] Ribler R L, Vetter J S, Simitci H, et al. Autopilot: adaptive control of distributed applications. Proc. the Seventh International Symposium on High Performance Distributed Computing, 1998:172-179.

[5] Baker M, Smith G. GridRM: A resource monitoring architecture for the grid. Grid Computing, 2002, 2536, 268-273

[6] Gunter D, Tierney B, Crowley B, et al. NetLogger: A toolkit for distributed system performance analysis. Proc. of the IEEE Mascots Conference, Mascots, 2000.

[7] Newman H B, Legrand I C. MonALISA: A distributed monitoring service architecture. Computing in High Energy and Nuclear Physics (CHEP03). La Jolla, California, 2003.

[8] Cooke A, Gray A J G, Ma LS, et al. 2003. R-GMA: An information integration system for grid monitoring. On the Move to Meaningful Internet Systems, 2003: 462-481

[9] Tierney B, Aydt R. A grid monitoring architecture. GWD-PERF-16–3, Global Grid Forum, 2002.

[10] Bonnassieux F, Harakaly R, Primet P. Automatic services discovery, monitoring and visualization of grid environments: The MapCenter approach. Grid Computing, 2004. 2970: 222-229.

[11] DeWitt T. ReMoS: A Resource Monitoring System for Network-aware Applications. Pittsburgh: Carnegie Mellon University, Pittsburgh PA dept of Computer Science, 1997.

[12] Smith W. A Framework for Control and Observation in Distributed Environments. NASA Advanced Supercomputing Division, NASA Ames Research Center, Moffett Field, CA, 2001.

[13] Truong H L, Fahringer T. SCALEA-G: A unified monitoring and performance analysis system for the grid. Grid Computing 2004, 3165: 202-211.

[14] Wolski R, Spring N T, Hayes J. The network weather service: a distributed resource performance forecasting service for metacomputing. Future Generation Computer Systems, 1999, 15: 757-768.

[15] Balis B, Bubak M, Funika W, et al. Monitoring grid applications with grid-enabled OMIS

monitor. Proc. First European Across Grids Conference 2003, 2970: 230-239.

[16] Plale B, Dinda P, von Laszewski G. Key concepts and services of a grid information service. Proceedings of the 15th International Conference on Parallel and Distributed Computing Systems, 2002.

[17] Massie M L, Chun B N. The ganglia distributed monitoring system: design, implementation, and experience. Parallel Computing, 2004, 30(7): 817-840.

[18] Stelling P K, DeMatteis C K, Foster I K, et al. A fault detection service for wide area distributed computations. Cluster Computing, 1999(2): 117-128.

[19] Tierney B V, Crowley B V, Gunter D V, et al. A monitoring sensor management system for grid environments. Cluster Computing, 2001. 4: 19-28.

[20] Balaton Z, Kacsuk P, Podhorszki N. Application monitoring in the grid with GRM and PROVE. Proc. of the Int. Conf. on Computational Science-ICCS, 2001: 253-262.

第 9 章

数据管理

9.1 概　述

数据管理是对数据进行有效的收集、存储、处理和应用的过程，其关键在于有效地组织数据。随着计算机的发展，数据管理主要经历了三个发展阶段。

(1)人工管理阶段：这一阶段数据基本上不保存、不共享。用于计算的数据通常不需要长期保存，需要计算的时候将数据输入即可。

(2)文件系统阶段：当计算机技术发展到有磁盘等硬件作为支持时，数据可以长期保存，但是文件系统保存的数据无结构化、数据共享性差，相同的数据会重复保存，很容易造成数据不一致的情况。

(3)数据库阶段：计算机管理的对象越来越多，每天产生的数据量也越来越大，而且数据之间的共享非常常见，不同应用覆盖共享数据越来越强烈，因此数据库应运而生。数据库软件也在不断发展，为了应对大数据量带来的挑战，原来的关系型数据库逐渐发展出类似于 Key-Value 对的非关系型数据库，这类数据库可扩展性好，可以处理结构化、半结构化数据。

数据是网格中的重要资源，也是最为特殊的资源。与其他资源相比，数据的特殊性在于它是可复制、可移动、可压缩、可加密的；在访问控制权限许可的情况下，其用途由数据请求者决定；可以存放在不同的地方、物理上分布、逻辑上为一个整体。

网格计算时代，数据管理面临的挑战如下。

(1)网格是跨地域的，因此数据的存储往往也是跨地域分布在多个数据中心中。如何跨地域地组织数据、创建分布式的文件系统和数据库系统，多地域之间数据的协作与协同组织成为需要解决的问题。

(2)网格底层的存储是异构的，有的存储在磁盘中，有的存储在磁带中，如何屏蔽这些下层的不同接口，为上层服务提供统一接口，对上层的使用者或应用透明，也是网格计算的数据管理需要解决的问题。

(3)网格存储海量的数据。网格上层的应用往往是需要处理大量的数据，需要处理的数据规模大，数据更新快，新增数据量也非常大。当数据量达到一定规模时，对数据的索引、存储都是挑战。

(4)数据读写 IO。一般网格支持的应用都要进行大量的计算，访问和处理大量的数据，因此如何在网格环境下为应用提供高效的 IO 也是至关重要的，能够提高整个应用的处理速度。

(5)数据传输。在网格中，不仅应用和存储系统之间有大量的数据交互，各存储系统之间也有大量的数据传输，如在数据备份过程当中。因此，设计可靠、高效的数据传输协议和架构也十分必要。

(6)副本管理。通常在网格中，为了使数据安全可靠，而且使不同地域的客户端都尽可能快地访问到需要的资源。通常对数据进行冗余副本存储。也就是支持一份数据保存多份副本，放置在不同的地域，不仅起到容灾的作用，还能加快读取远程文件的速度。但是副本的引入带来了一致性方面的开销，需要设计完善的策略来维护网格存储中各个副本的一致性，特别是在网络不可靠的条件下维护各个文件副本的一致性。

9.2　GT4 中的数据管理

GT4 是 Globus 项目于 2005 年推出的能够在多种平台上搭建网格计算环境的工具包。Globus 是国际上最有影响力的网格计算研究项目之一，它发起于 20 世纪 90 年代，目标是将美国境内的高性能计算中心通过网络相连，组成一个更大的高性能计算中心，方便地理上分散的研究人员进行跨学科的虚拟合作。

GT4 的架构如图 9-1 所示[1]，它提供了很多编写网格应用程序的组件，能够帮助人们构建大型的网格实验和应用平台，开发适合于大型网络系统运行的大型应用平台。需要指出的是，在 GT4 之前，也有多个工具包的版本推出，但它们都不是基于 Web 服务的；GT4 虽然是基于 Web 服务的，但也保留了不少非 Web 服务的组件。

GT4 的组件被分为五类，公共运行时组件、安全组件、数据管理组件、信息服务组件和执行管理组件。其中，公共运行时组件由一系列基础库组成，其为 GT4 建立 WS 和 non-WS 提供了库函数和工具集，使其能够和平台无关。安全组件负责建立用户的身份和服务的认证，保护通信、授权、管理用户的证书、维护群消息。在协同计算的网格计算环境下，安全性是非常重要的问题。基于 GSI(Grid Security Infrastructure)框架，保证安全的通信过程。信息服务组件是一组 Web 服务，通常用来监控和提供目录服务(MDS)，包括发现和监控虚拟组织中的资源。执行管理组件处理网格环境中任务的初始化、监控、管理、调度和协作。数据管理组件是本章要研究的重点。

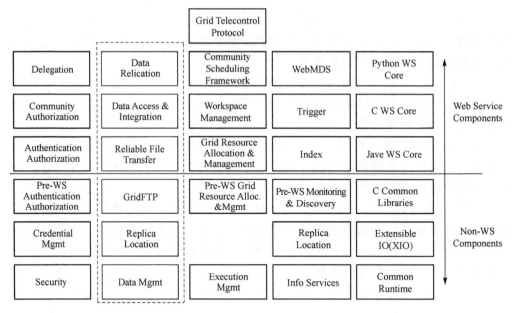

图 9-1　GT4 的架构图

GT4 中的数据管理功能主要分为三类：用于数据传输 GridFTP 工具和可靠文件传输(RTF)服务，用于数据副本管理的数据复制服务(data replication service，DRS)和副本定位服务(replica location service，RLS)，用于数据访问与集成的 OGSA-DAI(data access and integration)。下一节将详细说明这些工具和服务。

9.3　关　键　技　术

9.3.1　GridFTP

GridFTP是网格计算环境中进行数据传输的协议,针对高带宽的广域网进行了优化，能够提供安全、快速、鲁棒性高、高效的数据传输。GT4 使用了这个协议最通用的实现方式，提供了一个标准的服务端实现、一个命令行模式的客户端实现和一系列开发客户端的实现库。

GridFTP 是独立于底层架构的通用协议。其设计之初全面考虑了当前可用的协议，确定以 FTP 协议为基础，主要基于如下考虑。

(1)FTP 协议是 Internet 中的数据传输协议，其体系结构易于扩展，且支持动态的扩展。

(2)FTP 协议有技术支持，已经有成熟的实现并且在网络中成功部署实施。

(3) 已经有针对 FTP 协议的扩展、应用于网格环境下的数据传输，取得了不错的效果。

(4) 除了传统的 C/S 模式的传输外，如 Put/Get、Read/Write 的模式，还支持第三方直接控制两个服务器之间进行数据的传送。

GridFTP 主要有如下特性。

(1) 安全性：网络安全性基础设施 (GSI) 为文件传输提供在用户指定的保密性和数据完整性水平下的身份认证和数据加密。FTP 本身是不安全的，总是需要依赖 SSH 或 SSL 来保障开发数据包的安全。因此 GridFTP 采用 GSI 和 Kerberos 认证支持，由用户控制各种数据的完整性和机密机制。

(2) 并行传输：GridFTP 可以通过使用多个 TCP 流，提高对带宽的利用率。并行传输可以只从单个源建立多个 TCP 流进行下载。这样的策略都能够很好地提高带宽的利用率，提高传输的速度。

(3) 条状传输：条状传输和并行传输类似，也是希望用多个 TCP 流提高文件的传输效率。与之不同的是，在条状传输中，文件可以从多个源并行开始下载。这在网格环境中非常适用。在网格中，大规模的数据可以分布放置在多个存储节点上，从而增加聚集带宽。

(4) 分段传输：尽管 FTP 支持断点传送，但是它不支持文件按照段进行传输。GridFTP 允许发送文件的子集，即子片段。这样的功能可以满足一个非常大的数据文件切割成一小部分进行处理，该特性对于大文件的传输非常有帮助。

(5) 第三方控制：支持为大型分布式社区管理大型的分布式数据。能够使第三方对存储服务器之间的数据传送进行控制。

(6) 容错性：GridFTP 在 FTP 的基础上提供了容错性的支持，可以处理网络不可达等问题。而且当问题发生的时候，文件的传输可以自动重启。

(7) 自动进行 TCP 优化：FTP 底层的 TCP 连接有诸如滑动窗口大小、缓存大小等配置。GridFTP 支持手动或自动设置大文件及小文件集合的 TCP 缓冲大小，自动控制这些配置信息，使传输的速度和可靠性达到最好。

其中最重要的扩展是第三方数据传输、数据传输的并行化。这里深入介绍这些新特征。

第一，第三方数据传输。由于网络中应用和数据都是分布式的，许多应用需要用到多个资源，所以必须提供一种机制，允许一个地点的应用能够控制其他两个地点存储系统的数据传输。同时为了保证传输的安全性，创建新的安全机制，身份认证的工作由第三方完成；而且 GridFTP 继承了原来 FTP 控制通道和数据通道的概念。控制信息都通过控制通道来进行传送，数据传输则通过数据通道。操作控制通道的逻辑单元称为协议解释 (PI)，对数据通道的操作称为数据传输过程 (DTP)。这种将控制和数据分开管理的方式，打破了控制包和数据包需要从同一台机器进行发送的方式。对第三方进行数据控制提供了支持。

第二，数据传输的并行化——并行传输和条状传输。GridFTP 对文件传输性能的最重要改进就在于引入了并行传输机制。传输性能受限于网络情况最差的一段，而且 TCP 的错误恢复机制也增加了网络的延迟，导致网络资源不能够充分的应用。因此，并行传输被认为是解决这些方法的手段之一。该机制作用于应用层，能够将一个数据服务器的数据文件进行分段，然后开启多个 TCP 连接进行数据的传送。显然在高带宽的网格网络传送环境中，能够提高数据传输的带宽。

条状数据传输能够在地理分布的多台主机上建立传输通道进行传输，多台网络节点能够协同工作。对外就像从一个 GridFTP 服务器上提取数据，其实底层通过并行文件系统可以从多个节点中并行读取数据，但是每个节点只传送需要传送的文件片段。由于底层由多个机器负责传送，而且分布在不同的地理区域，可以充分利用各个地域的网络资源，获得更好的传送性能。

为了实现上述 GridFTP 的特性，GridFTP 借助控制通道和数据通道分开的方案设计了如下架构。客户端和服务器端均有通过控制通道进行命令发送和接收的组件 PI。而且两者的通道不同，因为协议的交互是通过异步的方式实现的，DTP 组件是用来访问真实数据，数据的移动依靠数据通道的协议。这些组件可以通过多种方式组合，形成不同的传输结构和能力，如服务器端的 PI 和 DTP 组合可以形成一个 FTP 服务器，而针对条状的传输只会在一个集群的头结点上部署服务端 PI，在其他结点上部署 DTP 模块，具体见图 9-2。

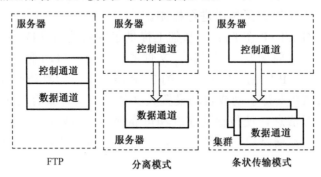

图 9-2　GridFTP 传输通道设置

在传输过程中，用户或者应用连接客户端 PI，或者初始化控制连接。控制连接遵从标准的 Telnet 协议，在初始化阶段产生标准的 FTP 命令，通过控制连接传送到服务器的 PI，服务器 PI 通过控制连接返回标准的响应命令给客户端 PI。与此同时，服务器 PI 还要初始化 DTP，监听相应的数据端口，等待其他客户端的数据连接。接下来的操作，就是通过客户端 PI 发送指令到响应的服务器 PI，完成文件的存储、访问、追加、删除等命令，操作 DTP 完成响应的操作。具体的过程请参见图 9-3[2]。

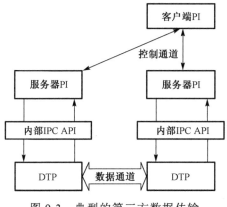

图 9-3　典型的第三方数据传输

9.3.2　RFT

可靠文件传输(Reliable File Transfer, RFT)是一种基于 WSRF 的网格服务，可以提供永久、易调用的可靠文件传输服务。RFT 的提出是为了解决 GridFTP 的缺点：GridFTP 协议不是一个 Web 服务协议；在整个传输过程中，GridFTP 要求客户端始终维持一个开放的套接字连接到服务器(对于需要长期传输的服务，这显然并不适合)；虽然 GridFTP 可以从远距离的失败中恢复，但是如果客户端主机出现故障，这种失败将不可恢复。因此，Globus 引入了 RFT 服务和后台数据库支持，用于可靠存储传输的状态。RFT 支持 GridFTP 的第三方数据传输和部分文件管理，可靠文件建立在 GridFTP 的客户端库之上，所以集成了所有 GridFTP 的特点，避免了原来出现故障之后需要从头开始重新传输的缺点。它将传输状态以永久方式存储，当出现故障时，可以从存储中获取存储状态，并从故障中断的地方继续开始传输。

RFT 和 GridFTP 配合完成数据可靠传输的结构如图 9-4 所示，主要包括了客户控制 GUI、直接控制 GUI、性能 GUI、RFT 服务、GridFTP 传输客户端、网络记录器和传输数据库等部分。客户控制 GUI 用来给服务提交传输请求，接受来自服务的状态更新信息，并把状态显示给用户，让用户知道当前的传输状态。传输客户端是真正执行传输的模块，有传输服务建立并开始第三方传输。随着传输的进行，客户端不断在数据库中保留标记，这样能够在出现故障之后从最近的一次标记中恢复传输，使重传的损失降到最小。传输客户端也会向网络记录器发布性能标记。直接控制 GUI 用来调整一个活动传输的并行流的数据，也支持 TCP 缓冲区大小的调整。具体方法是断开连接进行调整，因为先前记录了断点，因此调整完之后可以从断点处开始续传。性能 GUI 可以显示吞吐率和时间之间的性能图。它是传输的可视化监控模块，用户可以根据该 GUI 了解活动传输和已经完成的传输的性能信息。网络记录器存档来自传输客户端发布的性能比较，并把这些信息提供给性能图形 GUI 显示出性能图形。传输数据库中存储所有的传输状态并在出现故障之后将状态信息提供给传输服务，目前使用 PostgreSQL 数据库。该数据库用来保存传输客户端需要保存的传输状态，允许传输恢复之后重新从存储的状态开始传输。

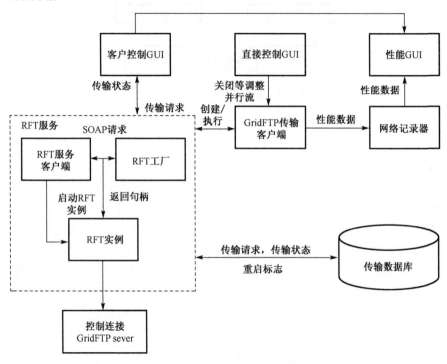

图 9-4　基于 RFT 和 GridFTP 的可靠数据传输架构

　　完成可靠传输的过程如下：当 RFT 服务接收到来自客户端 GUI 的请求之后，RFT 服务客户端向 RFT 工厂提出请求，RFT 工厂创建一个 RFT 实例。RFT 服务实例调用传输客户端启动一个从源到目标 GridFTP 服务器的第三方控制数据传输。根据前边的叙述，该请求全部记录在传输数据库中，并且及时更新数据库中描述传输的状态信息。如果客户端或请求的资源失效导致传输失效，当资源变得可用时可以根据传输数据库中的状态信息恢复和重新启动中断的传输。用户可以通过 GUI 界面查询不同的信息，如传输的性能方面的记录。为了主动监测传输失败并恢复传输，RFT 从应用层、网络层和系统层获取可用信息，处理不同的传输错误，使得对不同的对策进行自动管理传输任务，包括协商缓冲区大小、多流传输、恢复传输和结束传输。

另外，在容错和恢复中，RFT 使用传输数据库记录的传输状态，如果传输失败，使用回退指数算法启动重传机制。

9.3.3　RLS

网格为用户提供了数据共享和计算能力的集成，然后由于大量数据和计算能力的分布，不能够实现对数据的有效管理和工具，为此需要在网格环境中提供数据副本并改善整个系统的负载平衡和可靠性。副本定位服务(replica location service, RLS)是副本管理和访问的关键服务。RLS 和 GridFTP、RFT、可靠副本服务、元数据服务等数据管理服务一起工作，为网格的数据管理提供更好的支持。RLS 在网格数据管理中的位置可以用图 9-5 来表示[3]。

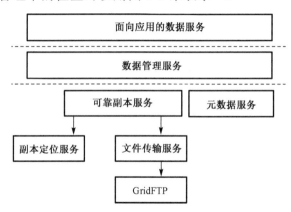

图 9-5　RLS 与数据管理模块之间的关系

Giggle[4]是 Globus 和欧洲数据网格共同构建的副本定位服务的框架，是 RLS 服务的一种实现方案。在 Giggle 看来，广域分布的计算机系统，通过在不同的地理位置部署只读的副本，可以保证在不同的地域分割下都有较好的访问延迟，保证分布式应用的质量，提高执行的效率和性能。Giggle 就是分布式环境中提供该功能的可扩充副本定位服务。

Giggle 中的文件名分为逻辑文件名和物理文件名两种。逻辑文件名是访问数据内容的唯一逻辑标识，副本定位服务就是能够提供文件的逻辑名和物理存储系统上的一个或多个文件标识之间的映射，支持副本管理功能的实现。每个物理副本都有物理文件名来标识。同一个逻辑名对应的多个物理文件的名字各不相同。物理文件名可能是一个 GridFTP 的 URL，清楚记录了文件在存储系统中的位置。RLS 维护从副本数据名字到目标数据名字的映射信息，并对外提供这些信息。而且副本定位服务在本地副本目录维护一致的本地状态，在本地目录中维护任意逻辑名和本地存储系统上与这些逻辑文件名相关联的物理文件名之间的映射信息。同时，RLS 还允许用户给予与文件相关的其他属性化描述信息对文件进行查询[5]。

　　Giggle 的定位框架分为本地副本目录(local replica catalog, LRC)和副本定位索引(replica location index, RLI)两层结构。其中 LRC 负责从逻辑文件名到物理文件名的映射。客户端通过向 LRC 提出关于某个逻辑文件名的查询请求，从而得到真正需要的数据。为了提高可靠性和性能，在 LRC 之上，又提供了 RLI 服务，该服务能够从逻辑文件名到 LRC 的映射。一个 LRC 同时和多个 RLI 保持联系，一个 RLI 也可以和多个 LRC 保持联系。LRC 可以通过周期的运行软件状态更新服务，向与之相连的一个或多个 RLI 提出更新请求。这样，当有若干副本加入或退出 RLS 服务时，RLI 及时更新 RLS 的状态。图 9-6 给出一个两层的副本定位服务 RLS 结构，上层是副本位置索引 RLI，下层都是本地副本目录 LRC。当客户端提出关于某个可能存在多个副本的逻辑文件名的查询请求时，不是直接向某个 LRC 查询，而是先向 RLI 提出查询请求。这样，RLS 可以为客户端同时返回多个与之相关的物理文件名，客户端可以作更多的管理。

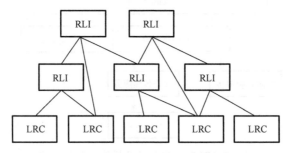

图 9-6　两层副本定位服务 RLS 的结构

9.3.4　DAI

　　GT4 并没有提供自己开发的 DAI 组件，但它支持由英国爱丁堡大学并行计算中心(EPCC)负责开发的 OGSA-DAI(Open Grid Services Architecture-Data Access and Integration)。OGSA-DAI 是英国 e-Science 的核心项目，其开发工作始于 2002 年，目标是实现数据的分布式管理与访问，通过数据的共享使得科研人员之间的合作成为可能。

　　Antonioletti 等人将应用对于 OGSA-DAI 的需求归结如下[6]。

　　(1)支持现有的数据库管理系统已经提供的各种设施，包括查询与更新设施、编程接口、索引、高可用性(high availability)、恢复(recovery)、复制(replication)、版本化(versioning)、模式演化、数据与模式的统一访问、并发控制、事务、批量加载(bulk loading)、可管理性(manageability)、归档(archiving)、安全性(security)、完整性约束(integrity constraint)及变动通知(如触发器)等。

(2)元数据驱动的访问,这是网格应用对数据库的特殊需求。使用元数据的具体应用场景包括:通过提供系统和管理信息(如数据资源的性能与容量、价格与使用策略、当前操作状态)来进行管理和调度;通过提供数据结构和内容信息来(例如数据遵循的模式、内容概要)完成数据的发现和解释;通过索引或概要实现资源或访问方法的选取;面向人类决策的数据选取与评估。面临的挑战是:元数据涉及众多的方面,其很多组件是特定于应用的;不同资源的元数据的访问接口和表示存在较大的差异;现有的元数据通常是手工产生的,这种方式本身不够可靠。

(3)多数据库联合(federation),这是网格应用对数据库的另外一个特殊需求。网格环境中具有多种数据资源,包括但不限于传感器、各种仪器及可穿戴设备等,它们对应不同的数据集。科学家在研究过程中经常进行的操作:一是把关于同一实体的不同类型的信息合并起来获得一个更为完整的描述;二是把关于不同实体的相同类型的信息聚合起来。所有这些操作都需要集成来自多个数据源的数据。这里面临的挑战是数据源的异构性和自治性。

为了满足上述需求,OGSA-DAI 设计了一套标准化的、基于服务的接口,数据库通过这些接口暴露给应用使用。通过服务化的接口,数据库驱动技术、数据格式化方法及数据投递机制等方面的差异得以隐藏,不同种类、异构数据的集成成为可能,用户可以聚焦到应用特定的数据分析与处理工作而无须关心数据的位置、结构、传输、集成等技术细节。具体而言,OGSA-DAI 具有以下功能或特性。

(1)能够整合包括关系数据库、XML 数据库、文件等在内的多种数据资源,并支持多种流行的数据资源产品(主要是各种数据库,如 MySQL、Oracle、DB2、Xindice 等)。

(2)每种资源内的数据都能被查询和更新。

(3)通过分布式查询处理实现数据资源的联合,支持多源数据的集成。

(4)支持数据的转换(使用 XSLT 完成)。

(5)支持多种数据投递目标,如客户端、其他 OGSA-DAI 服务、URL、FTP 服务器、GridFTP 服务器、文件等。

(6)提供一致的、数据资源无关的数据访问,发送到 OGSA-DAI 服务的请求的格式独立于底层的数据资源。

(7)用户可以通过扩展 OGSA-DAI 服务来暴露自己的数据资源,提供应用特定的新功能。

(8)Web 服务遵循 WSRF 规范。

图 9-7 给出了 OGSA-DAI 的架构,OGSA-DAI 3.2 及其之后的版本均遵循这一架构。与之前的架构相比,最新的 OGSA-DAI 架构中明确引入了表示层

(Presentation Layer)，并在这一层次提供了多种访问方式，包括 Axis Web 服务、GT(Globus Toolkit) Web 服务和 Java 应用编程接口(API)。多种访问方式给使用者提供了更多的选择。另外，在 OGSA-DAI 核心部分，针对资源和活动，引入了管理器(Manager)的概念，以更好地进行管理。

OGSA-DAI 架构中的概念说明如下。

(1) 数据资源(Data Resource)：主要强调的是异构性数据源，如分布在不同网络位置上的资源、不同类型的数据库资源、不同访问权限的数据资源等。这些资源通过 OGSA-DAI 对外暴露。

(2) 数据资源插件(Data Resource Plug-in)：用于调用特定数据资源的接口，完成对数据的存取访问。每一个数据资源都有它自己对应的数据资源插件，如用 JDBC 方式来访问关系数据库，用 XMLDB 方式来访问 XML 数据库，用 File 方式来访问系统文件资源。

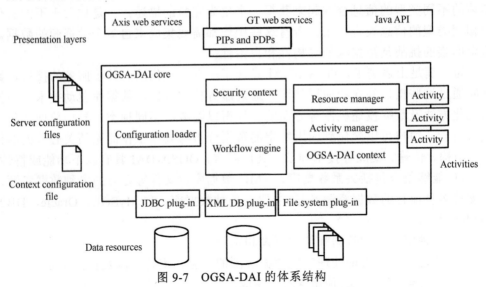

图 9-7　OGSA-DAI 的体系结构

(3) 配置加载器(Configuration Loader)：用于加载 OGSA-DAI 配置文件，这些文件指定了服务器的配置，包括可用的活动、活动实现的类、资源、支持的活动、资源实现的类以及数据库的用户名与密码等。此外，配置加载器还提供了针对资源和活动管理器的数据访问对象。

(4) 安全上下文(Security Context)：记录来自表示层的安全相关信息，如客户端的证书。

(5) 工作流引擎(Workflow Engine)：负责执行来自客户端的工作流，具体的功能包括创建工作流中相应活动的活动对象，监控工作流的执行及更新当前的执行状态等。

(6)资源管理器(Resource Manager)：面向活动和表示层，提供对服务器上当前资源的访问。资源管理器利用资源状态数据访问对象来完成配置信息的加载与保存。

(7)活动管理器(Activity Manager)：提供对服务器上可用活动的访问，供工作流引擎使用。活动管理器使用活动规格数据访问对象来完成配置信息的加载与保存。

(8)服务器上下文(OGSA-DAI Context)，它保存了那些跨 OGSA-DAI 服务器使用的组件，如活动和资源管理器、登录提供者、授权者、监控组件等。服务器上下文使用 Spring 框架通过一个特殊的上下文配置文件来完成配置。

上述架构中，数据资源插件和活动都是 OGSA-DAI 中关键的扩展点，如我们可以通过增加新的数据资源插件实现对新的数据资源的集成，通过定义新的活动实现对新增加数据资源的访问，如此一来，数据访问与集成的目标得以实现。另外，表示层也是 OGSA-DAI 的一个扩展点，如我们可以定义并实现 C/C++/Python API 以实现对 C/C++/Python 语言的支持。最后需要指出的是，除了上述组件，特定的表示层有可能拥有自己额外的组件，如 GT 表示层可通过策略信息点(policy information point，PIP)和策略决策点(policy decision point，PDP)实现授权功能，从而允许用户增加应用特定的授权方式。

最后，工作流和活动是 OGSA-DAI 中最核心的概念之一，每个工作流包含称为活动的若干个单元，活动是工作流中的基本工作单元，它完成一项事先定义好的与数据相关的任务，OGSA-DAI 4.2 版本中，总共预先定义了 15 类活动，分别是块(Block)活动、投递(Delivery)活动、分布式查询处理(DQP)活动、文件(File)活动、通用(Generic)活动、索引文件(Indexed file)活动、管理(Management)活动、关系(Relational)活动、远程(Remote)活动、安全(Security)活动、转换(Transformation)活动、公用(Utility)活动、视图(View)活动、XML 数据库活动和 RDF 活动。

通过工作流，多个活动可以连接到一起，一个活动的输出可以连接到另外一个活动的输入，数据从一个活动流到另外一个活动，这种流动是单向的。不同的活动其要求的输入或输出的数据格式有可能存在差异，转换活动能够实现数据在这些格式之间的转换。通过组合不同的活动，工作流不仅可以实现数据的访问，还能进行数据的更新、转换和投递，图 9-8 给出了一个工作流的示例，它包含数据访问(Access)、转换(Transform)和投递(Deliver)三个活动。

工作流的执行过程如图 9-9 所示：首先客户端提交工作流(或请求)到数据请求执行服务(data request execution service，DRES)，接下来 DRES 将请求转交给底层的数据请求执行资源(data request execution resource，DRER)，最后由 DRER 完成工作流的执行。DRER 的具体功能包括解析工作流、实例化工作流中的活动、指定活动的目标资源、完成具体的操作、构建请求状态、通过 DRER 向客户端返回请求状态。DRER 可以并发执行多个工作流，它也可以有自己的待执行工作流队列。

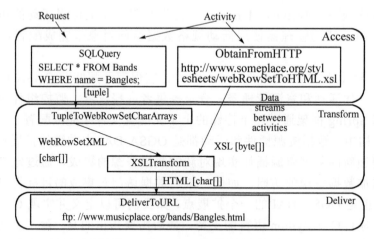

图 9-8　一个 OGSA-DAI 工作流示例

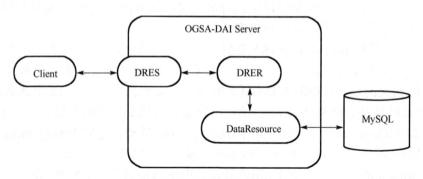

图 9-9　工作流的执行

客户端提交工作流的时候，可以指定工作流的执行模式。OGSA-DAI 中有两种模式可供选择：一是同步模式，在这种模式中，数据请求执行服务直到整个工作流执行完成才将请求状态返回给客户端；二是异步模式，在这种模式中，数据请求执行服务在工作流执行伊始就返回一个请求状态，与之相伴的是一个请求资源标识，通过这一标识，客户端能够监控工作流的执行进度。

工作流自身也有自己的类型，OGSA-DAI 支持如下三种类型的工作流。

(1)管道工作流(Pipeline Workflow)，一组并行执行但又连接在一起的活动，数据在活动之间流动。管道工作流是 OGSA-DAI 中最常用的工作流类型。

(2)串行工作流(Sequence Workflow)，一组顺序执行的子工作流，只有前面的工作流执行完毕后面的工作流才能开始执行。

(3) 并行工作流 (Parallel Workflow)，一组并行执行的子工作流。

管道工作流是 OGSA-DAI 中最常用的工作流类型，图 9-10 的这段 Java 代码展示了在客户端定义一个工作流并提交给服务器的过程。

```
//首先创建工作流中包含的活动
SQLQuery query = new SQLQuery();
TupleToByteArrays tupleToByteArrays = new TupleToByteArrays();
DeliverToRequestStatus deliverToRequestStatus = new DeliverToRequestStatus();
//接下来设置活动的参数及连接关系
query.setResourceID("MySQLDataResource");
query.addExpression("SELECT * FROM littleblackbook WHERE id < 10;");
tupleToByteArrays.connectDataInput(query.getDataOutput()); //连接关系指定
tupleToByteArrays.addSize(20);
deliverToRequestStatus.connectInput(tupleToByteArrays.getResultOutput());
//再接下来创建工作流并添加上述活动
PipelineWorkflow pipeline = new PipelineWorkflow();
pipeline.add(query);
pipeline.add(tupleToByteArrays);
pipeline.add(deliverToRequestStatus);
//最后将工作流提交执行，在提交之前要先获取服务器上的数据请求执行资源
DataRequestExecutionResource drer = server.getDataRequestExecutionResource(
                      new ResourceID("DataRequestExecutionResource"));
//提交工作流
RequestResource requestResource = drer.execute(
                      pipeline, RequestExecutionType.SYNCHRONOUS);
//获取执行状态
RequestStatus requestStatus = requestResource.getRequestStatus();
```

图 9-10　客户端定义一个工作流并提交给服务器的 Java 代码

9.4　其他数据管理系统

除了各种网格中间件/工具包，也出现了其他一些数据管理中间件，这里对其中的存储资源管理 (storage resource management, SRM)[7]和存储资源代理 (storage resource broker, SRB)[8]进行重点介绍。

9.4.1　SRM

SRM 是部署网格计算环境必备的重要技术。在分布式环境下管理访问文件时，处理多个异构的存储和文件系统是一个瓶颈。SRM 是面对日益快速的数据增

长的一种数据管理技术。SRM 是网格存储服务，提供了存储资源的接口，也提供了一些更加高级的功能,如动态的空间分配和在共享的文件系统中进行文件管理。SRM 调用一些对其实现透明的服务存取资源，提供高效的文件共享。它们基于一个共同的规范，这样可以屏蔽下层真实的存储系统，而为上层的存储提供统一的接口。因此，这里的挑战就是如何在网格这样完全异构的环境下提供统一的接口。因此，可以说 SRM 是一组中间件的标准，能够动态分配存储空间和数据管理的功能。

SRM 主要管理两种资源，即存储空间和数据。当需要管理存储空间时，SRM 会调配适当的空间给使用者，SRM 可以分配空间来支持使用者上传数据，使用数据传输服务来移动数据。SRM 也针对数据及其存储空间设计生命周期，当数据或存储空间的生命周期结束时，SRM 就必须将数据移除，将存储空间回收。具体而言，SRM 主要提供了如下功能。

（1）非干扰的内部规则：每个存储资源都能够独立于其他存储资源。这样，每个站点都能够根据自己定义的规则来决定哪个资源被保持并且决定保持的时间。SRM 不会干扰本地定义好的规则。

（2）锁定文件：一个存储组件中的文件在被删除或移动到另一个存储组件中之前可以被暂时锁定。一个被锁定的文件也可以被应用或使用显式释放，这样对于使用者来说，这部分空间可以被占用。对于 SRM 来说，会根据自己的策略选择保留或者删除这个文件。

（3）空间预留：SRM 可以动态管理存储组件。因此，它可以有计划的为存储系统提供空间预留的服务。

（4）动态空间管理：动态管理共享的磁盘空间是非常必要的功能。SRM 基于访问模式最优化文件替换策略，从而优化存储空间。

（5）支持抽象文件名：SRM 提供抽象的命名文件系统，文件可以被放置在一个或多个底层的存储系统中。

（6）目录管理：SRM 提供目录支持抽象的 SURL，保证与真实文件在底层存储的映射，而且为每个 SURL 设置访问控制链。

（7）端对端的请求支持：除了提供相应客户端的请求之外，SRM 还可以和其他 SRM 互相通信。这样，SRM 可以被指示复制文件到其他 SRM 中。

（8）支持多文件请求：支持单个请求包含多个文件的批处理请求在实际中非常有意义。SRM 支持对一组文件进行请求，而且请求过程是异步的。

（9）支持中断，挂起和恢复请求。针对一些大文件，可能会需要很长时间。因此中断、挂起和恢复等请求对于大文件、长时间的一些请求非常有意义。

SRM 根据其底层机制不同，主要可以分为三种类型：DRM、TRM、HRM。当管理的数据存储在磁盘中时，其为 DRM；当管理的文件存储在磁带上时，其为

TRM；如果底层的存储是异质的，则为 HRM。这三种形式的基本结构和接口是一致的，也就是说用户通过 SRM 对底层数据进行管理时，不需要关注数据保存在什么样的介质中。

　　SRM 的接口如图 9-11 所示，主要结构分为请求监听层、请求解析层和 SRM 接口调用层。其中请求监听负责获取上层使用者或应用的数据请求，采用 XML 的方式封装请求，转给请求解析层。请求到达之后请求解析层开始读取封装的请求信息，然后根据文件目录索引和副本目录定位到需要读取的数据，选择合适的调度方案，并将参数封装层底层接口函数形式传给接口层。SRM 接口调用层是真正实施数据管理动作的模块。通过调用，SRM 最终完成对数据的操作。

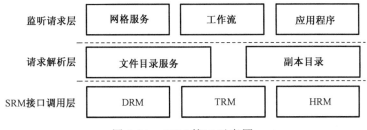

图 9-11　SRM 接口示意图

9.4.2　SRB

　　SRB 是由 SDSC 开发的一款数据管理中间件，同样也可以实现不同数据仓库的数据透明存取。可用于构建网格计算环境的数据管理模块。SRB 支持多种文档库、文件系统和数据库。SRB 采用联邦机制的客户机-服务器方式进行工作，即在一个域内有很多 SRB 服务器，每个 SRB 服务器可以管理一组资源，或者多个 SRB 服务器共同管理一组资源，但是整个域内只有一个唯一的 MCAT 服务器，其作用是对域内所有 SRB 服务器及数据进行管理。

　　SRB 代理工作过程如图 9-12 所示，它包含了 SRB 服务器、SRB 客户端和 MCAT 服务。MCAT 主要作元数据的管理，存储 SRB 存储的资源和用户信息。工作过程中，MCAT 处理来自 SRB 客户端的请求，这些请求包含信息查询、元数据创建和更新等。客户端拥有发送和接收 SRB 服务器响应的 API。SRB 服务器主要由两部分分离的程序组成——SRB 主程序和 SRB 服务程序。SRB 主程序负责监听客户端的连接请求，当收到请求之后，启动一个 SRB 服务程序的副本进行后续的管理和通信，也就是启动了一个 SRB 代理。代理负责接收所有后续的请求并且提供服务，SRB 主程序继续监听。SRB 客户端与代理通信时，SRB 客户端主要有两类 API——高层 API 和低层 API。高层 API 请求在执行数据存取时需要通过 MCAT 注册元数据信息。MCAT 会一直保存数据的信息，直到该数据被删除。用低层 API 时不经过 MCAT，直接和 SRB 低层请求处理器交互，然后存储到存储介质中。

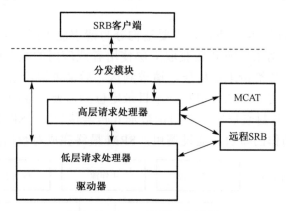

图 9-12　SRB 代理工作过程

9.5　数据管理技术应用示例

上述数据管理技术或系统提供的功能相对比较单一，我们可以把它们组合起来，实现更加复杂的功能。这一节中我们就来看一下如何在 OGSA-DAI 的基础上实现更为复杂的异构数据库整合服务——将各类异构的、分布的、自治的数据库资源进行统一、集成，从而实现广域范围内数据资源的共享和协作。

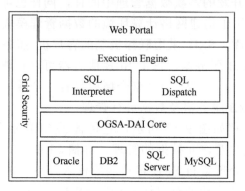

图 9-13　异构数据库整合系统的体系结构

图 9-13 描述了异构数据库整合系统的结构。从体系结构上讲，异构数据库平台需要满足可扩展、灵活多变和面向服务等需求。整个系统主要包括底层物理数据资源、OGSA-DAI 核心平台、执行引擎和网格异构数据库集成应用等四个层次，各个层次的功能说明如下。

(1)物理数据资源：是指通过网格可以访问的分布式数据库资源。这些资源原本在逻辑上是独立的，且是地理位置分布和形态各异的，归属于不同的科研机构，并且都有各自的资源管理机制和策略。不同的数据库资源可能具有不同的类型，比如，既可以是关系型数据库 Oracle、MySQL、DB2 等，也可以是 XML 数据库 Xindice。

(2)OGSA-DAI 核心平台：它实现了数据访问、数据转换、数据传输等多种功能，能为物理数据资源提供统一的访问方法。同时，它采用高度灵活而且可伸展的框架结构，通过简单的扩展，它能支持各种不同类型的数据源。

(3)执行引擎：基于 OGSA-DAI 对物理数据资源的统一封装，提供协调和集成服务，实现数据虚拟化。

(4)网格异构数据库集成应用：指使用异构数据库整合系统进行分布式数据处理的各种网格应用，如生物信息、计算化学等。

异构数据库整合系统对外主要提供如下较为复杂的功能。

(1)统一的访问接口。通常情形下，用户/开发人员访问每个数据源都需要知道数据源的 IP、端口、用户名、密码和数据源 API 使用方式等细节信息，如此可见，查询多个数据源中的信息是一项非常复杂的任务。统一的访问接口是指，用户/开发人员可以通过使用异构数据库整合系统的接口，透明地访问底层多个数据源，而不需要了解数据源的细节信息。

(2)统一的数据视图。通常情形下，不同数据源使用不同的数据源模式，不同模式之间可能存在语义异构问题。统一的数据视图是指用户/开发人员可以通过使用异构数据库整合系统提供的虚拟模式来书写查询，从而获取数据源中的数据。

(3)跨数据库的查询处理能力，即异构数据库整合系统本身要求提供用于数据处理的操作符，能够依照用户查询的要求，从不同数据源中取出数据，对数据进行统计、分析等处理。

图 9-14 描述了异构数据整合的过程。当用户通过接口提交查询请求之后，该请求会经由异构数据库整合系统核心服务的解析、编译和优化，然后分发至各个目标数据服务执行，而数据服务则会把查询计划转送给各个异构的数据服务资源的实例，具体查询任务完成之后，所获得的查询结果会返回至异构数据库整合系统的核心服务汇总，之后，数据返回给用户。对用户而言，只需要关心请求的提交和结果的获取，因而达到了透明使用各种异构数据资源的目的。上述过程中所涉及的关键步骤说明如下。

(1)提交请求：用户将查询请求递交给系统，系统如果接收任务，则返回带有正在处理状态的响应文档。这里的响应文档是 OGSA-DAI 中的核心概念，它是网格用户提交的请求的返回文档，包含了网格用户请求的执行状态，以及描述性的元数据。

(2)生成执行文档：用户的请求被传送到执行文档管理器，它先验证这个请求的合法性，然后对这个请求进行封装，产生相应的执行文档，其中包含该请求所代表的活动，最常见的活动是查询。这里的执行文档和活动也是 OGSA-DAI 中的核心概念，活动的概念前面已经介绍过了，这里不再赘述，而执行文档用于描述异构数据库集成服务执行的流程，它可以包含多个活动，并将它们封装成一系列的交互行为，可以指定数据在它们之间的流动顺序，多个活动可以顺序或并发地执行。执行文档可以在客户端自动生成，不需要用户的干预。

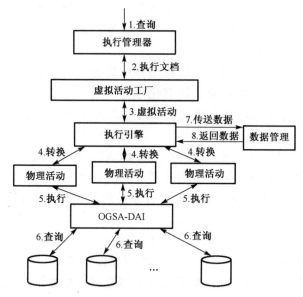

图 9-14　异构数据库整合系统的内部工作过程

（3）提取虚拟活动：执行引擎在得到执行文档之后，解析该执行文档，从里面提取出虚拟活动及其所需的信息，生成虚拟活动查询任务列表。虚拟活动实质上是操作的一种抽象描述，它独立于底层数据库的具体实现。

（4）转换活动：当虚拟活动查询任务列表生成之后，执行引擎就会依据虚拟表的定义和映射文档，对虚拟活动任务列表进行一一转换，得到真正的物理活动查询任务列表。

（5）执行活动：当真正的物理活动任务列表产生之后，执行引擎就会分发给底层 OGSA-DAI 核心平台执行，它与真正的异构的物理数据库资源进行交互。

（6）返回结果：当 OGSA-DAI 核心平台执行完某个查询任务之后，就会得到一系列结果数据集，它会汇总在执行引擎，交由执行引擎去进一步处理。

（7）传送结果：当所有的查询任务都完成之后，最终的结果数据集会通过 GridFTP 传送给数据管理，用户可以通过访问数据空间去获取结果集或在线查看。

执行引擎是异构数据库整合系统中最重要的组件。当执行文档到达之后，执行引擎首先进行执行文档的解析，提取虚拟活动，虚拟活动中的 SQL 语句经过编译和优化之后，就会生成一系列的虚拟查询任务计划，在收集相关的元数据信息之后，执行引擎会对虚拟查询任务计划进行物理转换，得到一系列的物理查询任务计划，由执行引擎进行调度执行，其具体过程的顺序如图 9-15 所示。

当某个子查询任务计划完成之后，返回的结果数据集汇总于执行引擎，然后保存于中间临时数据库中，最后将针对于虚拟表的原始查询语句作用于该中间临时数据库，获取最后的查询结果集，由相关的传输活动传送到数据空间中。

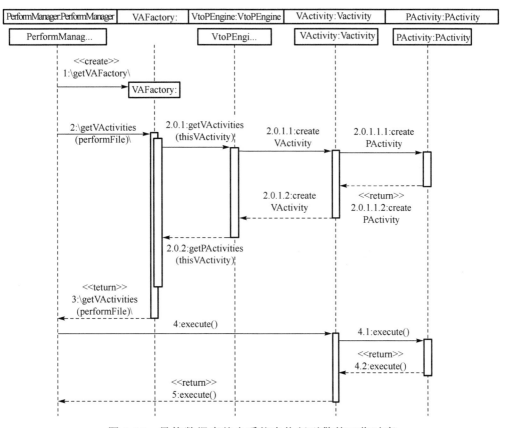

图 9-15 异构数据库整合系统中执行引擎的工作时序

参 考 文 献

[1] Sotomayor B. The Globus Toolkit 4 programmer's tutorial. 2005.

[2] Allcock W, Bresnahan J, Kettimuthu R, et al. The Globus striped GridFTP framework and server //Proceedings of the 2005 ACM/IEEE conference on Supercomputing. IEEE Computer

Society, 2005, 54.

[3]　冯百明，李伟. 网格计算技术. 北京：电子工业出版社，2004.

[4]　Chervenak A, Deelman E, Foster I, et al. Giggle: a framework for constructing scalable replica location services. Proceedings of the 2002 ACM/IEEE conference on Supercomputing, 2002: 1-17.

[5]　王铁军，周明天，佘堃，等. 基于分布式生成树的副本定位服务. 计算机工程与应用, 2007, 43 (30)：152-156.

[6]　Antonioletti M, Atkinson M P, Baxter R, et al. The Design and Implementation of Grid Database Services in OGSA-DAI, Concurrency and Computation: Practice and Experience, 2005, 17 (2-4)：357-376.

[7]　Sim A, Shoshani A. The storage resource manager interface specification, Version 2.2. 2007.

[8]　Baru C, Moore R, Rajasekar A, et al. The SDSC storage resource broker //Proceedings of the 1998 conference of the Centre for Advanced Studies on Collaborative research. New York: IBM Press, 1998.

第 10 章

执行管理

10.1 概　　述

按照 OGSA 的术语[1]，执行管理是对网格系统中作业在其整个生命周期内进行管理的功能集合，包括作业定义、资源匹配和选择、资源调度、作业的执行和监控等。广义上来说，执行管理还包括作业之间的协同和互操作、资源的预留、作业错误处理、容错，以及与容器、监控服务、和资源提供者的交互等。

执行管理与数据管理和信息服务一起构成了网格系统的三个基本功能，其意义和必要性主要体现在以下几个方面[2]。

1. 广泛而深入的计算资源共享

网格提出的最初目的和最原始动机是实现计算资源的共享。这种共享是以作业的执行为核心的。由于网格本身涉及的资源广泛而复杂，这种以作业为核心的资源相对于传统的分布式批处理系统来说广泛而深入得多。执行管理是对作业生命周期的管理，其重要性是不言而喻的。

2. 软件的继承性和重用

遗留作业的执行是执行管理的两个研究核心问题之一。通过研究遗留程序的包装、遗留应用的管理、遗留作业的执行，不仅能够对网格的功能进行扩充，使网格变得更加充实，而且可以实现对已有软件成果的继承和重用。

3. 协同计算

从执行管理的角度看，网格不仅仅要实现对计算资源的共享和整合，也要实现协同计算。执行管理的服务组合技术主要解决的是作业层面的协同计算问题。

4. 负载均衡和提高资源利用率

网格中的执行管理系统在某种意义上来说是一种元调度（或者称为超级调度），通过在计算资源的本地调度器之上架设一个更高层次的调度器，网格系统能够在更广泛的范围内实现负载的均衡，更有效地提高资源利用率。

网格中执行管理面临的困难和挑战主要有以下几个方面。

1．资源整合和自治性

网格整合的是个物理的组织的各种异构的资源，这些组织对资源往往都有相互独立的管理策略，实现资源的整合的同时又要保证尽可能不破坏自治性，是执行管理的最大挑战。

2．统一的访问接口和资源的异构性

执行管理整合是各种异构的作业执行系统，这些系统往往提供了不同的接口和管理方式，屏蔽这种异构性。提供统一的作业管理方式是网格系统必须解决的问题。

3．遗留程序和网格服务

遗留程序与网格的面向服务的架构是不兼容，因此无法为网格直接使用。遗留程序的网格化包装是另一个难点。

4．服务的组合技术

服务的组合技术是网格中另一个颇具挑战性的问题。如何使得现有的 BPEL 技术支持 WSRF 服务，如果统一目前的各种各样的工作流语言，如果提供更友好的工作流定义工具都有广阔的研究前景。

5．调度

大规模分布式系统的调度问题，始终是一个常谈常新的话题，特别是在网格这样一个集中策略与分布式自治并存的环境下，有效的调度算法和调度系统仍然是一个热门的问题。

10.2　执行管理剖析

具体而言，网格执行管理包含以下五个重要的步骤[3]。

(1)找到候选的资源。网格中每个资源的性能和容量等都不尽相同，负载也会发生变化。为了满足用户作业的需求，网格执行管理需要从所有的资源中选择一组能满足用户需要的候选资源。

(2)选择目标资源。在得到了一组候选资源之后，网格执行管理需要选择一个目标资源来执行用户作业。为了实现不同的优化目标，网格执行管理需要选择不同的作业调度和资源分配策略。

(3)执行准备。作业在真正执行之前，网格执行管理需要为作业的执行进行一些准备工作。可能的准备工作包括程序安装、软件配置、数据运送和环境配置等。

(4)启动执行。准备工作完毕后，实际启动作业的执行。

(5)执行监控。作业在启动之后还需要进行监视和控制。需要考虑的问题包括：①作业执行失败的情况下，是否需要在别的地方重新启动；②作业执行过程中，是否需要设置检查点(Checkpoint)；是否需要故障检测和恢复方案。

在上述步骤中，候选资源的查找需要与信息服务打交道，而执行准备中的数据运送则需要与数据管理服务进行交互。上述过程从管理的角度而言主要涉及如下几方面的内容。

(1)作业生命期管理。用户作业有其自身的生命周期。作业的生命周期可以分为提交、等待、调度、准备、执行和完成等几个阶段。作业生命期管理主要就是指对作业在生命周期的各个阶段所进行的监视和控制。在每个阶段，网格执行管理服务需要和其他组件进行交互来完成对作业的操作。在条件满足的情况下，网格执行管理服务需要将作业的状态从当前阶段推进到下一个阶段。例如，当作业处于执行阶段时，作业生命期管理需要对作业的运行状态进行监视。当作业停止时，作业生命期管理需要判断作业是否成功完成，是否需要重新进行调度。

(2)执行环境管理。用户作业的成功完成需要对执行环境进行正确的配置。执行环境主要包括体系架构、系统平台、配套应用、数据和文件等。硬件架构可以是对称多处理器结构(symmetric multi-processor，SMP)，非一致存储访问结构(non-uniform memory access，NUMA)及海量并行处理结构(massive parallel processing，MPP)等。系统平台可以是 UNIX、Linux、Windows 或 Mac OS 等。配套应用是指作业执行必须用到的软件、服务、程序库等。另外，执行环境也包括作业执行所需要的数据集、输入数据及配置文件等。网格执行管理需要为用户作业准备好正确的执行环境。比如，采用虚拟机技术虚拟特定的硬件设备和操作系统；为用户安装和配置被用户直接或间接需要的应用；为作业准备数据集、输入数据以及配置文件等。

(3)资源接入与控制方式。资源要想被用户使用，就必须以一定的方式接入网格中。所谓接入和控制方式，就是资源向网格系统提供它自身的访问接口和交互协议等。对于常见的计算资源来说，它们的接入方式(也就是提交作业的方式)可以是通过系统缺省的 Fork 机制，也可以是 PBS 或其他方式。对于每一种不同的资源类型，网格都可能需要研究专用的接入方式。即使对于已接入的资源，也可能需要寻找更高效、灵活的方式进行接入。

(4)作业调度和资源分配策略。作业调度是指按照一定的策略调整一组作业的执行顺序、提交时间。资源分配是指在一组用户作业和一组网格资源之间进行匹配和映射。作业调度和资源分配一方面要考虑系统的整体效能，另一方面也要考虑一定的公平性。对于网格管理者来说，网格系统的整体效能(如吞吐量和资源利用率)是它们最关心的问题。但整体效能的提高，可能会损害一部分用户作业的性能。比如，小作业优先策略可能会提高系统的整体吞吐量，但大规模的作业可能会等待过长的时间。因此，调度和分配策略需要在整体效能和公平性两者之间找到一个平衡点。另外，资源之间的异构性也增大了为作业进行资源选择的难度。

(5)资源容错与作业重调度。用户作业在网格中执行并不是百分之百会成功。首先，资源的动态性可能使得已经启动的作业中止。其次，资源本身可能出现故障导致作业失败。另外，软件兼容性和程序 BUG 也会导致作业不能成功完成。因此，网格需要对这些软硬件的异常进行处理，为用户作业提供容错机制。当作业由于各种原因失败时，系统应该对其重新进行调度。

在上面的内容中，核心的是作业需求的描述及资源分配与作业调度，下面就对它们分别进行介绍。

10.3　作业需求描述

用户对网格资源的消费是以作业为单位进行的，为了更好地进行交互，用户必须明确告诉网格系统作业的需求，而这离不开相应的描述语言。实际上，每一种作业管理系统都有自己的描述规范，这里我们重点关注作业提交描述语言(job submission description language, JSDL)[4]。JSDL 是由 GGF 的 JSDL 工作组(JSDL-WG)正式提出的，用于描述所提交的计算任务对资源需求的一种基于 XML 的语言。需要注意的是，虽然 JSDL 的需求来自于网格应用，但 JSDL 的定义本身并不限制其必须在网格环境下使用。

JSDL 规范的提出最早来自两方面的应用需求。首先，在许多组织或团体中，人们应用了各种各样的作业管理系统，这些管理系统都有着各自的一套规范来描述任务提交的需求。这就使得系统之间的互操作性很差，跨组织的作业管理变得相当困难。为了应用这些不同的作业管理系统，使用者必须为了同一个任务而准备和维护各种形式的作业描述文档以适用于不同的系统。JSDL 作为一个规范化的作业描述格式，可以很容易地映射到不同的系统当中，从而解决了上述问题。

其次，在网格环境下，网格资源的异构性使得不同类型的作业管理系统经常需要相互协作。在网格中，作业提交的初始描述可能在网格环境下传递的过程中被翻译成其他形式，或者被加入更多的信息，或者被不同的作业管理系统根据这个描述实例化到不同资源上去。JSDL 很容易翻译到不同的作业管理系统的本地语言，所以在 JSDL 这种标准语言存在的情况下，所有这些互操作都变得比较容易。

目前版本(1.0)的 JSDL 语言主要用来描述如下几个方面的信息：

(1)作业标识。JSDL 包含了一系列的标签来描述作业的"身份"识别信息，包括作业名称、作业描述、作业所属的工程名称等。JSDL 规范给出了这些关于作业身份描述的元信息的一般性定义；而在不同的目标网格系统中，JSDL 规范允许它们对这些元信息做出不同的理解策略。

(2) 作业的应用需求。JSDL 在这里定义了作业提交以后需要运行的应用程序。仅用软件的名称和版本号来定位作业对软件的需求。关于应用程序本身的更多细节的描述信息可能是操作系统相关的，所以 JSDL 在这里支持对不同软件的细节描述的扩展。一个扩展的例子是被包含在 JSDL 规范中的 JSDL-POSIX 基准扩展。这个基准扩展使得 JSDL 可以给出 POSIX 兼容的操作系统中的应用软件的运行环境的一般性描述，包括可执行名、运行参数、输入 (stdin)、输出 (stdout)、错误 (stderr)、工作目录、环境变量等。

(3) 作业的资源需求。这里的资源特指硬件资源等计算机系统的较为底层的资源。JSDL 给出了一系列备选的标签来提供丰富的手段来描述这些资源需求参数，包括 CPU 类型、CPU 速度、CPU 数量、内存容量、硬盘容量、文件系统、操作系统、网络带宽、备选主机列表、是否互斥执行等。

(4) 作业的数据需求。JSDL 描述了一个作业运行的时候对数据传输方面的需求，具体来说包括两个方面：一是作业运行之前需要把什么样的文件传输到运行环境中去；二是作业运行结束后需要把什么样的文件从运行环境中取出来。JSDL 提供了一系列的标签来在一定程度上控制数据传输的具体行为，如文件的创建方式、作业运行时文件的处理等。JSDL 规范允许一个 JSDL 脚本只包含数据需求信息而不包含应用需求信息，这样的脚本可以用来描述网格中的数据传输作业。

图 10-1 给出了一个采用 JSDL 描述的作业的例子，它需要运行的是生物信息学中常用的比对程序 tiger，从图中我们很容易找到上述的作业标识、应用需求、资源需求和数据需求等信息。

最后需要指出的是，JSDL 严格地把功能设计的目标定位在作业提交的描述上，以一般性为基本设计原则，提出了一套具有通用性的作业提交的描述方法，从而使得 JSDL 可以很好地同一些用于描述网格作业运行流程中的其他方面的规范协同工作。这些可能的规范包括四项。

(1) 资源需求语言 (resource requirements language, RRL) 规范。JSDL 建议使用一个独立的规范来描述作业对资源的需求。因为不同的网格系统对资源的定义和描述不尽相同，所以用一个专门的规范来概括和抽象这些资源描述显得更合理一些。在目前还没有这样一种标准的 RRL 的情况下，JSDL 给出了一个描述资源需求的核心集合，如上文中所述。

(2) 调度描述语言 (scheduling description language, SDL) 规范。网格中作业的调度问题是一个内涵比较广的问题，它可能包括时间调度，如决定作业运行的起始和结束时间等；数据依赖的调度，如基于作业所期待的数据的可用性所作的调度；工作流调度，如根据作业在工作流中的流程关系所作的调度。

```xml
<?xml version="1.0" encoding="UTF-8"?>
<jsdl:JobDefinition xmlns="http://www.example.org/"
        xmlns:jsdl="http://schemas.ggf.org/jsdl/2005/05/jsdl"
        xmlns:jsdl-posix="http://schemas.ggf.org/jsdl/2005/05/jsdl-posix"
        xmlns:xsi="http://www.w3.org/2001/XMLSchema-instance"
        xmlns:cgsp2="http://www.chinagrid.edu.cn/cgsp2">
  <jsdl:JobDescription>

    <jsdl:JobIdentification>    <jsdl:JobName>tiger</jsdl:JobName>    </jsdl:JobIdentification>

    <jsdl:Application>
     <jsdl:ApplicationName>tiger</jsdl:ApplicationName>
     <jsdl-posix:POSIXApplication>
      <jsdl-posix:Executable>${cwd}/run_TA</jsdl-posix:Executable>
      <jsdl-posix:Argument>201.seq</jsdl-posix:Argument>
     </jsdl-posix:POSIXApplication>
    </jsdl:Application>

    <jsdl:Resources>
     <jsdl:CandidateHosts>
      <jsdl:HostName cgsp2:domain="LOCALDOMAIN">http://10.0.1.4:9905/wsrf/services/grs/GeneralRunningService</jsdl:HostName>
     </jsdl:CandidateHosts>
     <jsdl:IndividualCPUSpeed> <jsdl:LowerBoundedRange> 500 </jsdl:LowerBoundedRange></jsdl:IndividualCPUSpeed>
     <jsdl:TotalDiskSpace><jsdl:Exact> 3.0</jsdl:Exact></jsdl:TotalDiskSpace>
    </jsdl:Resources>

    <jsdl:DataStaging>
     <jsdl:FileName>${cwd}/run_TA</jsdl:FileName>
     <jsdl:DeleteOnTermination>true</jsdl:DeleteOnTermination>
     <jsdl:Source> <jsdl:URI>vs://admin@TsinghuaDomainA/test/tiger/run_TA</jsdl:URI> </jsdl:Source>
     <jsdl:Flags>executable</jsdl:Flags>
    </jsdl:DataStaging>

    <jsdl:DataStaging>
     <jsdl:FileName>${cwd}/TIGR_Assembler</jsdl:FileName>
     <jsdl:DeleteOnTermination>true</jsdl:DeleteOnTermination>
     <jsdl:Source> <jsdl:URI>vs://admin@TsinghuaDomainA/test/tiger/TIGR_Assembler</jsdl:URI> </jsdl:Source>
     <jsdl:Flags>executable</jsdl:Flags>
    </jsdl:DataStaging>

    <jsdl:DataStaging>
     <jsdl:FileName>${cwd}/201.seq</jsdl:FileName>
     <jsdl:DeleteOnTermination>true</jsdl:DeleteOnTermination>
     <jsdl:Source> <jsdl:URI>vs://admin@TsinghuaDomainA/test/tiger/201.seq</jsdl:URI> </jsdl:Source>
    </jsdl:DataStaging>

    <jsdl:DataStaging>
     <jsdl:FileName>${cwd}</jsdl:FileName>
     <jsdl:CreationFlag>overwrite</jsdl:CreationFlag>
     <jsdl:DeleteOnTermination>true</jsdl:DeleteOnTermination>
     <jsdl:Target> <jsdl:URI>vs://admin@TsinghuaDomainA/results/tiger</jsdl:URI> </jsdl:Target>
    </jsdl:DataStaging>

  </jsdl:JobDescription>
</jsdl:JobDefinition>
```

图 10-1　一个用 JSDL 描述的 tiger 作业

（3）作业策略语言（job policy language, JPL）规范。策略是一个更加广泛和抽象的概念。一个作业的策略可能影响到这个作业的各个方面。例如，作业的提交者可能希望为作业的运行时间定出自己的策略；或者资源的持有者希望为使用资源的作业制定一些限制性的策略。

（4）工作流规范。JSDL 的设计目标是描述单个作业的提交情况，而不是多个作业之间的复合关系。描述这种复合关系——工作流的任务，应该由独立于 JSDL 的工作流规范来担任。

10.4 资源分配与作业调度

10.4.1 目标

网格系统中通常有担当不同角色的多个参与者存在，如用户、管理员和资源所有者等。这些参与者由于所处的角度不同，所以所关心的问题也不同，对同一个网格系统的期望及感受也存在差异。一般而言，资源分配与调度或者说执行管理的目标分为以下几类[3]。

(1)面向系统总体效能。对于网格系统管理员来说，系统的整体效能是他们最关注的问题。系统的整体效能包括系统的吞吐量、资源利用率、负载均衡等。这些性能指标越高，说明网格系统的总体效率也就越高。当资源需求量大的作业在一组小规模的作业之前进入队列时，资源需求量大的作业可能会因为等待所需资源全部被释放而阻塞相当长的一段时间。这种情况下，系统管理员可能会希望将一组小规模作业提前执行。这样可以明显提高整个系统的资源利用率，但对于资源需求量大的作业来说可能会需要等待更长的时间。

(2)面向服务质量。对于用户来说，网格系统所提供的服务质量是他们更关心的问题。用户对所提交的作业请求可能会提出一些性能方面的最低要求。对于计算请求来说，用户可能会需要某个作业在某个最后期限之前完成。对于信息查询请求，用户可能希望系统能够在一定的时间内返回查询结果，或者至少返回部分查询结果。如果系统不能满足用户的这些条件，用户可能会对系统产生负面的使用体验。因此，网格执行管理需要专门针对用户服务质量要求进行设计。

(3)面向参与者激励。网格系统中的两个重要参与者是资源提供者和资源使用者。这两个参与者的行为决定了网格系统是否能够稳定地运行。然而，网格中却普遍缺少对这两者行为的约束和规范。对于资源提供者来说，他对所提供的资源具有完全的控制权，可以决定资源共享的数量、时间、用户对象等。对于资源使用者来说，他可以在提交请求时提出对一定数量资源的需求。通常情况下，网格的参与者总是希望自己提供的资源能够尽量少，而使用的资源能够尽量多。为了避免出现网格资源不断变少，同时又被大量滥用的情况，网格执行管理需要采取一些有效的措施。

(4)面向公平性。网格用户来自于不同的组织和机构，网格系统应该在这些用户之间保持一定的公平性。来自某个用户的作业不应该永远得到最高的优先级，或者总是得到比较大的资源份额。

(5)面向资源组合分配。网格中某些类型的应用常常需要同时得到多个资源的使用权，但是网格并不能总是保证这些资源的同时分配。例如，交互式数据分析应用可能需要同时得到保存有数据拷贝的存储资源、用于数据分析的超级计算机、用于数据传输的网络资源和用于交互的显示设备。

10.4.2　调度模型

网格调度实际上是将网格作业或任务映射到多管理域的资源上的过程。所谓的调度模型指的是网格中的调度系统的体系结构和组织方式，也就是调度系统的实现方式。网格中常见的调度模型有三种[5]，即集中式调度、分布式调度和分层式调度。

1．集中式调度

在集中式调度系统中，一个主机（资源）扮演着资源管理者的角色，负责将作业调度到环境周围的其他节点。这种调度模型通常用在所有资源具有相似的特性和使用策略的场合中，比如计算中心。集中式调度的体系结构如图 10-2(a)所示。集中式调度的优势是调度者能够给出更好的调度决策，因为它拥有关于可用资源的所有决策必需的、最新的信息。然而，集中式调度的缺点也同样明显，那就是不能与它所管理的不断增长的环境相匹配，在系统规模不断扩大的情况下，很可能成为系统的瓶颈。

2．分布式调度

分布式调度去掉了集中式调度器，而是通过多个本地调度器之间的协调完成作业的调度。它克服了集中式调度的可扩展性问题，能够提供更好的容错能力和可靠性。分布式调度存在的问题是缺乏决策所需的必要的、最新的信息，往往会导致不够理想的调度策略。同时，随着系统规模的扩大，本地调度之间用于通信协调的带宽消耗也变得十分可观。分布式调度的两种模型如图 10-2(b)和(c)所示。

3．分层调度

在分层调度中，中央调度者通过与下层的本地调度者交互来完成任务的提交。中央调度者是一种元调度者（Meta Scheduling），它负责分派作业给本地调度者。元调度器层既可以采用集中式结构，也可以采用分布式结构。图10-2(d)给出了这种调度方式的体系结构。与集中式调度器相比，分层调度在一定程度上克服了中央调度器的瓶颈，与完全的分布式调度相比，分层调度能减少调度器之间通信消耗，利于产生更优的调度决策。此外，分层调度的全局调度器和本地调度器可以采用不同的调度策略。

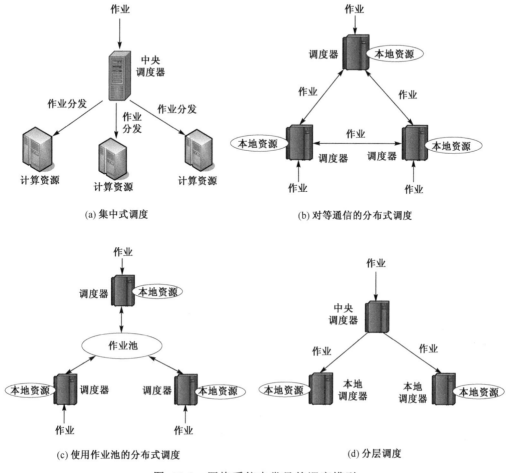

图 10-2　网格系统中常见的调度模型

10.4.3　资源分配模型

网格执行管理的资源分配模型是为了实现网格的某些总体设计目标而引入的资源分配机制。它需要回答网格执行管理中面对的几个问题：一是网格资源提供者、网格资源使用者及其他参与者之间存在什么样的关系；二是采用什么样的标准来实现网格资源和用户作业请求之间的匹配；三是这些网格参与者之间如何进行交互以达到执行管理的目的。网格系统中典型的资源分配模型介绍如下。

1. Matchmaking 模型

Matchmaking 模型中主要有三个执行管理参与者：资源提供者、资源使用者和 Matchmaker。Matchmaker 是 Matchmaking 模型的一个中心组件。资源提供者和资源使用者的数量没有明确的限制。资源提供者需要将自己所提供的资源信息发布到 Matchmaker，资源使用者也要将资源请求信息发送到 Matchmaker。资源信息主要描述资源的容量(如处理器个数和磁盘容量等)和使用限制(如可用时间段和可接受的请求者等)。资源请求信息主要包括资源类型要求及作业所需要的最小资源容量。

Matchmaker 对资源信息和请求信息进行匹配，将匹配结果发送给相应的资源请求者和提供者。然后，资源请求者直接与资源提供者联系，进行资源分配的确认。确认成功后，请求者即可提交作业。

始于 1984 年，由美国威斯康星大学麦迪逊分校开发、在网格中应用广泛的 Condor 项目[6]就采用了这种资源分配模型。

2. 经济学模型

Rajkumar Buyya 等认为[7]，网格资源分配不应该仅仅考虑作业对软件和硬件资源的消耗量，而应该将消耗的资源对用户的价值体现出来。网格执行管理的经济学模型采用经济学领域的理论和方法来解决网格作业调度和分配的问题。被引入网格的经济学模型有多种，其中市场模型、拍卖模型、等价交换模型是最常见的三种[8]。

市场模型中存在几个主要的参与者：消费者、生产者、虚拟银行和虚拟市场。生产者总是希望能够通过共享最少的资源来获得最大的利润。消费者的可支配预算是一定的，因此总是希望能够通过最小的代价来完成自己的计算任务。虚拟银行的责任是对消费者和生产者进行身份认证，为他们提供账户管理功能。虚拟市场是生产者发布资源信息的场所。生产者首先将自己的资源信息和价格信息发布到虚拟市场中。消费者从虚拟市场得到资源和价格信息后，根据自己的作业和预算情况选择一个合适的资源，并和资源生产者进行确认，通过虚拟银行完成交易。在交易过程当中，对于生产者来说，他需要一个根据资源需求量来对资源进行自动定价的机制。对于消费者来说，它需要一个根据预算和作业需求来选择价格与性能都合适的资源的选择机制。

拍卖模型中的参与者包括拍卖人和竞拍者。拍卖人的职责是发起一次拍卖活动，收集竞拍者的出价，并且确定是否有人中标及中标者是谁。竞拍者参与拍卖活动，并对拍卖对象出价。拍卖人或竞拍者并不固定是资源提供者或资源使用者。当拍卖人是资源提供者时，拍卖对象就是一组共享资源。竞拍者，也就是资源使用者，根据自己的预算和作业需求(如完成期限)对资源出价。资源提供者一般选择出价最高的资源使用者为中标者。当拍卖人是资源是资源使用者时，拍卖对象就是用户作业。竞拍者，也就是资源提供者，根据自身资源配置和状态(如负载状况)及用户作业需求提出可能的资源量和价格。资源使用者一般选择出价最低的资源提供者为中标者。

　　等价交换模型中某个资源实体(Entity)每次占用其他资源实体的资源之后，记录使用的信息。当有其他资源实体请求该资源实体的资源时，该资源实体将给那些曾经为它提供过资源的资源实体较高的优先级。这种交换模型中资源提供者只能从资源的直接受益者得到回报。另一种交换模型中，当资源交易发生时，资源提供者提供服务之后将得到一定量的令牌(Token)。此后，该资源提供者可以用令牌来换取其他资源实体的资源。这种交换模型中资源提供者没有被限定只能从资源的直接受益者得到回报。

　　3．计划分配模型

　　计划分配模型中通常按照容量和时间两个维度将资源进行分片(slot)。每一个资源片代表了一定的资源容量(如处理器个数和磁盘空间)和资源可用的有效时间段(起始时间到终止时间)。每个资源片的使用权与其他资源片的使用权是独立的。资源提供者将资源片的信息在网格社区内进行发布。只要付出相应的代价并获得授权，用户就可以获得这个资源片的使用权。与尽力型(Best Effort)资源分配相比，用户作业的执行性能将更具有可预测性。

　　图 10-3 是一个资源分片示意图。其中有三个资源来自不同的组织。每个资源内部的容量(也就是"资源 X"的宽度)都不相同。每个资源按照时间轴方向分割为相同长度的资源片。资源片中的深色区域表示该时间段的对应资源已经被预留给了某个作业。当有一个新的资源请求到来时，系统需要为它在未预留的区域内选择分配一个时间段内的某个资源。方案的选择可以采用算法来最优化系统性能或用户满意程度。

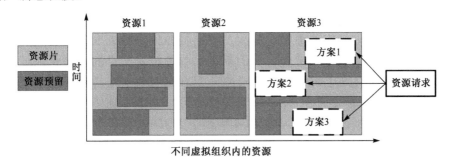

图 10-3　资源分片示意

　　计划分配模型常常使用到的执行管理方式是基于协议(Agreement-Based)的资源预留(Reservation)。Karl Czajkowski 和 Ian Foster 等在 2005 年提出了基于协议的执行管理[9]，他们同时也提出了一个网格资源预留和分配通用架构(GARA)。

4. 作业转发模型

作业转发模型是一种分散式执行管理方式。网格通常由一组资源提供者来组成。这些资源提供者在逻辑上相互连接成一个覆盖网络。这个覆盖网络可能是类似棋盘的网格、不规则的点对点、环状、树形层次等结构。每一个网络节点通过保存一组邻居节点的信息来维护整个覆盖网络的可达性。用户可以从其中某一个网络节点提交作业。一个网络节点收到用户的作业以后，首先判断该作业是否可以在本地获得足够的资源。判断通过分析作业的资源请求、用户的性能要求和本地可用资源等三方面信息来完成。如果本地资源足够时，节点将相应的本地资源分配给作业，并启动作业的执行。如果本地资源不能满足要求时，当前节点将从其相邻节点中选择合适的节点将作业转发出去。作业转发模型通常没有一个中心控制组件来管理资源的分配和作业的调度。

作业转发模型的优点如下。首先，作业转发模型具有较好的可扩展性。当网格中的资源规模很大的情况下，集中控制模式可能给中心控制组件造成过大的负载。而作业转发模型采用分散控制，每个资源提供者只需要处理自己本地及相邻节点转发的作业请求。其次，作业转发模型具有较好的可适应性。由于资源的自治性和动态性，网格中随时可能会有新的资源加入或原有的资源退出。而且，资源的访问方式、访问控制策略也可能会不断变化。由于作业转发模型具有分散控制的特征，资源状态发生变化时资源信息的传播和更新过程也会比较简单。

5. 策略分配模型

策略分配模型中，资源所有者在不同用户和组织之间按照一定策略进行资源分配。通常，资源分配的策略主要考虑如下一些因素。首先，资源使用者所占有的资源总量不能超过一定的限制。其次，不同资源使用者或来自不同组织的资源使用者所占有的资源量应该符合公平的原则，或者符合一定的比例原则。

策略分配模型有助于解决网格在资源分配方面的公平性问题。这方面典型的代表是 DSGFS[10]。借助 DSGFS，资源提供者可以实现本地资源在本地用户及各个虚拟组织之间的按比例分配。图 10-4 给出了 DSGFS 实现分配的一个例子，在这个例子中，虚拟组织 VO-A 可以得到所有本地资源的 50%使用量；虚拟组织 VO-A 的项目 P-A1 可以得到其中的 25%；项目 P-A1 的成员 U-A11 又可以得到项目 P-A1 资源的 25%。

为了实现各个虚拟组织之间的按比例资源分配，DSGFS 采用了基于代理的策略决定模型。首先，每个资源提供者为本地资源设定本地策略。这个本地策略给出本地用户及各个虚拟组织之间资源使用量的目标比例。但是，这个策略并不对虚拟组织内部的资源使用比例进行设定，而是仅仅给出一个全局策略的引用。有关虚拟组织内部的资源使用比例，执行管理系统需要向一个全局策略提供者查询。

其次，资源提供者根据资源使用策略来对作业的优先级进行调整。在调整前，资源提供者需要对作业请求者的历史资源使用量进行检查。通过比较请求者资源历史使用量与资源使用目标比例之间的差距，设定该作业的优先级。

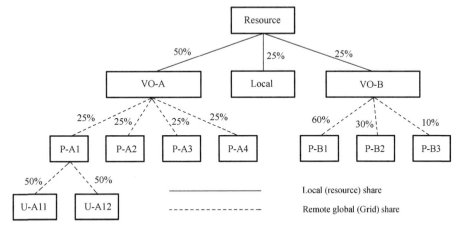

图 10-4　通过策略来分配本地和全局资源[10]

总体而言，上述网格执行管理虽然采用了各种作业调度和资源分配的方法，但没有突破系统性能的瓶颈，对于提升系统整体效能的效果有限。

10.5　典型的执行管理系统

10.5.1　GRAM

Globus 资源分配管理（Globus resource allocation and management，GRAM）[11]是最低级别的 Globus 资源管理结构，提供了作业和执行管理服务来提交、监视和控制作业。GRAM 提供了一个可靠的执行环境，并集成了多个专门用来在复杂环境中对作业执行管理进行优化的调度器。由于 GT3 的 GRAM 更经典，这里就对它进行介绍。

GT3 允许用户以一种安全的方式运行远程的作业，使用一系列 WSDL 文档和客户机接口来提交、监控和终止一个作业。一个作业的提交最终会导致管理作业服务（managed job service，MJS）的创建。MJS 是一种网格服务，用作与它所联系的作业接口，并且可以实例化，然后允许用标准的网格和 Web 服务的机制进行监控。MJS 是通过 MSJ 工厂（local managed job factory service, LMJFS）上的一个操作来创建的，为了防止工厂对资源的消耗，GT3 引入了主管理作业工厂服务（Master Managed Job Factory Service，MMJFS）负责 LMJFS 的创建。图 10-5 表示

了 MMJFS、LMJFS 和 MJS 之间关系。图 10-6 所示为在 GT3 中提交用户作业的
数据流。

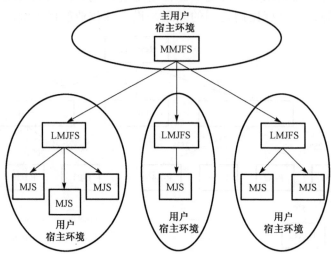

图 10-5　GT3 中 GRAM 的 MMJFS、LMJFS 和 MJS[11]

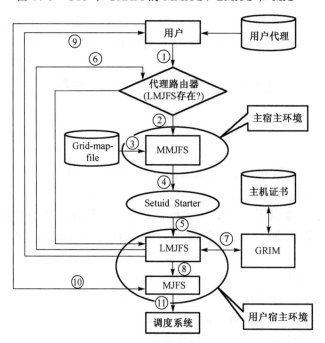

图 10-6　GT3 中提交用户作业的数据流[12]

10.5.2　GARA

GRAM 组件虽然能够兼容多种具有不同访问接口的计算资源，为上层网格中

间件提供一个统一的操作界面,但是,各个资源提供者对各自的资源可以设定独立的共享策略,仅仅屏蔽资源异构性并不能使得各个资源的行为能够协调一致,因此资源使用者与各个资源提供者在资源的共享策略上达成一致协议是非常重要的。

Czajkowski 等认为[9],网格执行管理的核心目标是在执行管理器和应用管理器之间达成提供一定程度资源服务质量的协议。这个协议不仅保证用户能够得到作业执行的必要资源,而且保证所得到的资源具有一定的性能(容量、负载、时间)或服务质量(QoS)。执行管理系统的功能不仅应该包括让用户提交作业、为应用分配资源,还包括对资源的负载管理、提前预订和组合分配等。

资源使用协议的实现主要包括三个要素。首先,资源使用协议需要一组成套的标志来描述协议的条款(Term)。这些成套的标志在网格内部应该是统一的、平台无关的、独立于某一个具体的资源和本地策略的。其次,协议的条款应该通过协商来产生。协议双方需要交换条款来最终得到一组双方都认可的条款。最后,需要一套规程(Protocol)来建立、监视和终止协议的条款内容。一方提出协议条款期望的内容,另一方对其进行接受或拒绝。协议条款内容包含了资源的消费量和与之相关联的开销。

图 10-7 给出了 Globus 资源预留和分配架构(GARA),它在两方面对原有的 Globus 执行管理架构进行了扩展。首先,它引入了资源对象(Resource Object)的概念。这样就允许不同的应用组件以相同的方式来对各种资源进行操作。例如,统一的"创建对象"(Create Object)操作可以用于各种资源,如网络流、内存块、磁盘块、进程等。其次,它在执行管理架构中引入了预留(Reservation)的概念。GARA 将"创建对象"的过程分为两个阶段:预留和分配。在预留阶段,系统并不真正创建资源对象,而只是返回一个预留句柄(Reservation Handle)。这个预留句柄被后续的操作用来控制和监视预留的状态,真正创建资源对象。

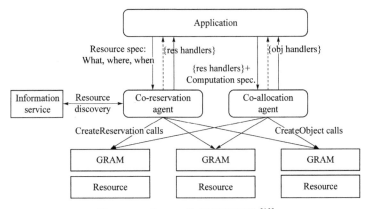

图 10-7　GARA 执行管理架构[13]

10.5.3 Condor

Condor 资源通常以 Condor 池的形式来组织，一个 Condor 池是一个管理性的主机域，并非专属于某个 Condor 环境，一个 Condor 系统可以有多个 Condor 池，每个池都遵循一个平坦的结构。如图 10-8(a) 所示，Condor 池中有三种基本角色：主主机(一个)、执行主机(任意数目)、提交主机(任意数目)。一个计算资源可以被配置成上述三种角色的任意一种或者多种。

一个提交给 Condor 池的作业按照图 10-8(b) 所示的步骤执行。

(1) 作业的提交：作业通过 condor_submit 命令由提交主机提交(①)。

(2) 作业请求发布：一旦一个提交主机的 condor_schedd daemon 收到一个作业请求，它会将该请求通知给运行在主主机上的 condor_collector daemon(②)。

(3) 资源发布：每个运行在执行主机上的 condor_startd daemon 都将会将可用的资源的信息发布给主主机上的 condor_collector daemon(③)。

(4) 资源的匹配：主主机上的 condor_negotiator daemon 会定期向 condor_collector 询问是否有资源和用户的作业请求相匹配(④)如果有，它就将执行主机的信息通知给提交主机上的 condor_schedd(⑤)。

(5) 作业执行：提交主机上的 condor_schedd 和执行主机上的 condor_startd 交互(⑥)，分别产生 condor_starter 和 condor_shadow(⑦⑧)，通过新产生的两个进程的交互完成作业的执行(⑨⑩)。

(6) 返回输出结果：当一个作业执行完成后，通过提交主机上 condor_shadow 和执行主机上的 condor_starter 之间的交互(⑪)，将结果返回给提交主机。

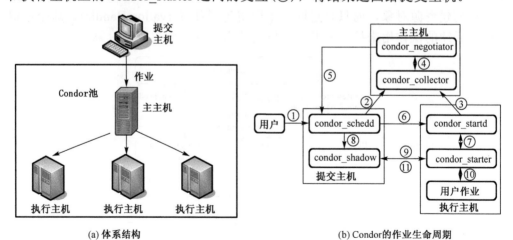

(a) 体系结构　　　　　　　　　(b) Condor 的作业生命周期

图 10-8　Condor 池

Condor 的资源分配基于 Matchmaking 模型。它提出了一种 ClassAd 语言[2]来满足 Matchmaking 模型中对描述资源和请求信息的需要，而作业的真正执行需要一组 Shadow 和 Sandbox 的支持[2]。Condor 提供了多种场景（Universe）下的 Sandbox 和 Shadow，如标准场景、Java 场景、MPI 和 PVM 场景等。在标准场景中，Shadow 位于代表用户作业的 Agent 端，主要作用是为 Resource 上的用户作业提供所需要的可执行文件、参数、输入数据等信息。Sandbox 位于代表资源的 Resource 端，主要作用是实现用户作业和本地资源之间的安全隔离，并为作业的执行提供一个舒适的环境。Sandbox 的另一个非常重要的作用就是截取用户的系统调用请求，将其通过远程过程转发给远程的用户 Shadow。

10.5.4 GRACE

GRACE 是由 Rajkumar Buyya 等提出的一个面向计算经济的通用网格架构[7]。图 10-9 是它的系统结构示意图。GRACE 能够帮助资源提供者和用户分别最大化他们各自的利益。资源提供者可以定义对资源的访问策略和收费标准。GRACE 中的 Trade Server 将按照提供者的定义来进行资源交易。用户也可以通过 Resource Broker 来定义他们的需求，寻找满足需求的资源提供者。

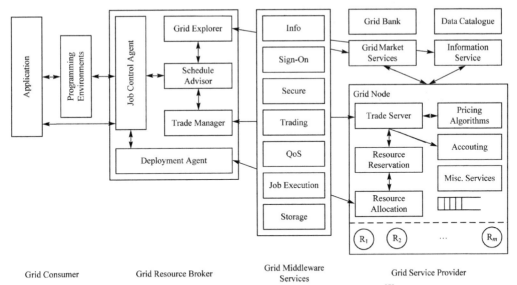

图 10-9 面向计算经济的通用网格架构 GRACE[7]

GRACE 架构中的定价机制可以引入经济学中的商品市场模型和拍卖模型。在商品市场模型中，资源价格一般由资源提供者和资源使用者双方的目标函数共同确定。在拍卖模型中，资源使用者和资源提供者双方都可以发起拍卖活动。如果拍卖活动由资源使用者发起，则资源使用者从出价最低的资源提供者中选择要使用的资源。如果拍卖活动由资源提供者发起，则资源提供者从出价最高的资源使用者中选择要执行的作业。对于相同的服务，资源提供者可能由于作业请求者、作业特殊需求、服务时间段等的不同而对服务收取不同的费用。

GRACE 的系统结构可以分为四个层次：

第一层是网格应用（Application）和编程环境（Programming Environment）。用户作业通过这一层被提交到 GRB（Grid Resource Broker）。

第二层是用户层中间件和工具，也就是 GRB。GRB 代表用户来进行执行管理。它的功能由几个部件分别实现。JCA（Job Control Agent）通过与其他几个模块交互来完成作业的管理和作业状态的维护。Scheduler（Schedule Advisor）完成资源选择和调度方案的产生，并保证其满足用户的需求。GE（Grid Explorer）通过与网格信息服务交互来得到可用资源的列表，将其提供给 Scheduler。TM（Trade Manager）在 Scheduler 的指导下，通过 GRACE 协商服务与 GRP（Grid Resource Provider）进行交易。DA（Deployment Agent）在选定的资源上启动和监视作业的执行。

第三层是核心网格中间件。它通常以标准的 WSRF 服务的形式提供对分布式资源的安全和统一访问。这一层可以采用 Globus Toolkit 为主要的实现方式。主要的功能包括：信息服务、单点登录、安全控制、交易服务、服务质量、作业执行和存储服务等。

第四层是网格服务提供者。GMD（Grid Market Directory）允许资源提供者将他们的资源在这里发布。GTS（Grid Trade Server）通过参考 Pricing Policies 与资源使用者讨价还价，为资源提供者争取最大的利益。Pricing Policies 可以为商品市场或拍卖两种模型提供灵活的定价机制。Resource Accounting and Charging 负责资源使用情况记账，并与 Grid Bank 协调完成 GRB 和 GRP 之间的转账。

10.5.5　CGSP 的执行管理

CGSP 中的执行管理系统主要解决两个层面的问题：资源整合和计算协同。资源整合的关键是对现有的各种异构的资源进行抽象、包装和虚拟化，提供一致的资源访问接口，屏蔽网格资源的异构性。协同计算则是将网格中的功能单元按照一定的逻辑组合起来，完成更复杂的功能。图 10-10 给出了 CGSP 的执行管理的逻辑模型。按照功能的不同，执行管理的组件被划分成三个层次。

最底层是原子作业的执行层。这些组件部署在所有的计算资源上，对计算资源上的各种执行系统进行封装，将其抽象成一个统一接口。它们接受管理层组件的支配和控制，负责实际的作业执行操作。

中间层是管理层。这些组件部署在特定的计算资源上，负责整个域内的执行系统的管理工作，包括计算资源的选择和匹配，接收作业的提交，完成作业到执行层的分发。提供服务组合功能，完成复合作业的同步和协调、作业状态和资源状态的监视，并根据系统的当前状态控制下层执行系统的行为。这些组件对上层提供各种管理功能的服务。

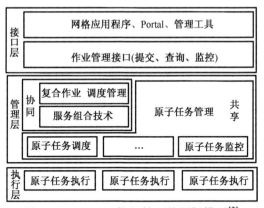

图 10-10　CGSP 执行管理的逻辑模型[2]

最上面一层是接口层，提供了各种封装好的应用接口或工具，以便用户能够方便地完成作业的定义、提交、监控等管理功能。

图 10-11 给出了 CGSP 执行管理的组件架构及其组件之间的主要交互。根据前面的逻辑模型，这些组件按照相应的功能自左至右大致分为三个层次。

(1)客户端组件：客户端组件主要用来方便终端用户提交作业和监控作业，包括 Java jar 包、GUI 图形客户端应用、命令行应用和 Portal。它可以完成作业提交、作业控制、作业状态监视，以及工作流的部署和反部署。

(2)调度系统：调度系统接受用户提交的各种作业请求，负责查找作业执行位置，初始化作业实例。调度系统的核心任务是作业调度(Job scheduling)。调度是服务与资源之间的映射(或绑定)过程。调度的过程包括两步：资源的匹配和资源的选择。调度系统根据作业定义的资源的需求，综合指定策略，形成可用的资源列表的过程称为匹配。根据某个目标函数刻画的优化指标，如执行时间、成本、可靠性等，从可用资源列表作出资源选择的决策过程称为资源选择。一旦资源选择(Resource Selection)产生了最终的调度后，调度系统对这个决策进行实施，通过与资源的交互，建立作业的实例。

(3)执行服务：执行服务负责实际的作业执行。它负责提供作业的实际执行环境或是提供到实际执行环境的通道。执行服务的信息被注册到 CGSP 的信息中心以便于被调度系统发现。

(4)工作流系统：工作流系统用于实现 CGSP 基于工作流的计算协同。负责工作流的部署、管理，工作流作业的流程控制和负载均衡。与调度系统交互完成工作流中的活动对应的原子任务的创建，并与底层的执行服务通信完成对应的原子作业的控制。

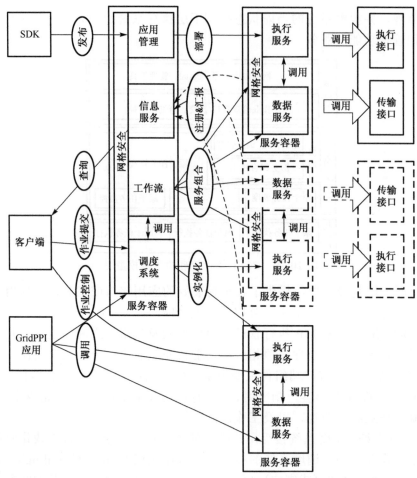

图 10-11　CGSP 执行管理的组件架构[2]

（5）应用管理：应用管理负责对发布的 GRS（General Running Service）应用进行统一的管理。GRS 是 CGSP 中针对遗留程序在网格中的执行而提出的一种机制，它在 4.5.2 节中作业执行模型的基础上，定义了一套对遗留程序进行封装的方法，解决了遗留程序被执行系统识别及运行的问题。所谓的 GRS 应用就是遵循 GRS 的规定，将遗留程序、对应的元信息描述文件及相关的其他资源按照特定的目录结构打包而成的一个压缩（zip）包。此外，应用管理还负责响应用户应用的发布操作，对发布的应用进行归档管理；响应执行服务的应用加载操作，完成对应 GRS 应用的部署。

CGSP 执行管理采用分层调度模型，由处于管理节点上的元调度服务（meta-scheduler service）和处于执行节点上的作业执行服务内部的调度系统组成。作业请求首先被提交到元调度服务。然后，元调度器根据不同的作业类型和资源的需求，完成资源的匹配和选择，并与相应资源上作业执行服务联系创建作业的实例，而作业什么时候被执行则是由相应的作业执行服务的调度系统决定的。

根据不同的作业类型，CGSP 提供了不同的作业执行服务，即遗留作业执行服务和工作流作业管理器。它们分别用来管理遗留应用程序、工作流流程的执行。在执行服务中，被管理的作业都被建模为 WSRF 服务规范中的 WS-Resource。为了保证性能，执行服务对等待的作业和执行哪个作业都作了数量限制，超过最大数量的作业请求将被拒绝。

作业的执行服务，独立于元调度器，但不是全职为元调度器工作，通过配置，它可以接收客户点直接作业提交，也可以同时为多个元调度器服务，这样就避免了因为元调度器的失效导致整个系统瘫痪的问题。

通过使用两级调度，整个网格中的作业管理工作负载被均衡到了各个作业执行服务上。整个调度系统就实现了可扩展性和避免单点失效的目标。因为元调度器仅仅负责选择相应的作业执行服务，并不负责执行实际的作业管理任务，所以元调度器服务的工作负载并不很高，单点实效的可能性也比较低。

参 考 文 献

[1] Treadwell J. Open Grid Services Architecture Glossary of Terms. Global Grid Forum, Lemont, Illinois, USA, 2005, GFD-I 44.

[2] 刘立坤. 网格执行管理的研究. 北京：清华大学硕士学位论文，2005.

[3] 陈刚. 网格执行管理关键技术研究. 北京：清华大学博士学位论文，2009.

[4] Global Grid Forum. Job Submission Description Language (JSDL) Specification, Version 1.0. http://www.ggf.org/documents/GFD.56.pdf.

[5] Hamscher V, Schwiegelshohn U, Streit A, et al. Evaluation of job-scheduling strategies for grid computing. Grid 2000, Bangalore, India. 2000.

[6] Thain D, Tannenbaum T, Livny M. Distributed computing in practice: the Condor experience. Concurrency and Computation-Practice & Experience, 2005, 17 (2-4): 323-356.

[7] Buyya R, Abramson D, Venugopal S. The grid economy. Proceedings of the IEEE, 2005: 698-714.

[8] Buyya R, Abramson D, Giddy J, et al. Economic models for resource management and scheduling in grid computing. Concurrency and Computation: Practice & Experience, 2002, 14 (13-15): 1507-1542.

[9] Czajkowski K, Foster I, Kesselman C. Agreement-Based Resource Management. Proceedings of the IEEE, 2005: 631-643.

[10] Elmroth E. Gardfjall P. Design and evaluation of a decentralized system for Grid-wide fairshare scheduling. Proceedings of First International Conference on E-Science and Grid Computing, 2005: 221-229.

[11] Czajkowski K, Foster I, Karoms N, et al. A resource management architecture for metacomputing systems. Proceedings of IPPS/SPDP '98 Workshop on Job Scheduling Strate-gies for Parallel Processing, 62-82, Orlando, FL, USA 1998.

[12] 王相林, 张善卿, 王景丽. 网格计算的核心技术. 北京：清华大学出版社, 2006.

[13] Foster I, Kesselman C, Lee C, et al. A distributed resource management architecture that supports advance reservations and co-allocation. In Proceedings of the Seventh International Workshop on Quality of Service(IWQoS'99), 1999: 27-36.

第 11 章

安全服务

11.1 概　述

网格安全问题是网格计算的核心问题之一,是影响网格技术采用的重要因素。一般来说,任何信息系统安全的终极目标都是要阻止没有被正确授权的用户访问相应的资源和信息[1],网格也不例外。作为一个分布式系统,网格首先要满足一般分布式系统所需要的安全要素,这些安全要素如下。

1. 认证

认证是一个验证身份的过程,用于确保访问它的用户就是它所声明的使用者,从而保证服务端的安全。

2. 授权

授权是一个赋予用户操作权力的过程,它的结果决定了系统是否允许一个请求的操作活动。授权针对资源和用户(或角色)进行,它可以有不同的粒度。

3. 完整性

确保信息不被未经授权的用户更改,但对授权用户开放。

4. 保密性

确保信息在存储和传输过程中不被未经授权的用户访问。在某些情况下,还必须阻止未经授权的组织来获取数据是否存在的相关信息。

5. 审计

用于用户操作信息的收集、分析、报警和报表生成,其目的是对威胁或破坏事件进行追踪。

其次,作为一种特殊的分布式系统,网格的安全机制还必须考虑网格的如下特性。

(1)网格中的用户和资源量非常庞大，可以属于多个不同的组织，用户和资源动态可变。

(2)网格中所涉及的组织是自治的，有各自的资源管理和安全控制策略。

(3)网格中的同一个用户可以在不同的资源上有不同的用户标识。

(4)网格中的资源可以支持不同的认证和授权机制，可以有不同的访问控制策略。

(5)网格中的计算可以在执行过程中动态地申请和启动进程，可以动态地申请和释放资源。

(6)网格中的进程数量非常庞大，而且进程动态可变。一个计算过程可以由大量进程组成，这些进程之间可能存在不同的通信机制，底层的通信连接可在进程的执行过程中动态地创建并执行。

因此，网格系统安全控制的目标有四个。

(1)支持网格计算环境中用户的单点登录，包括跨多个资源和节点的信任委托和信任转移，这样做的目的是方便用户访问多个节点的资源。

(2)支持跨虚拟组织的安全。要实现网格资源共享的目标，需要资源在本地管理域之外可用。虚拟组织(VO)是网格系统中对共享的资源进行管理的基本单位。由于资源并不是无条件共享的，基于用户的身份和资源的性质，会有相应的使用限制，所以需要在虚拟组织层次和资源层次对资源的访问进行相应的授权和访问控制，形成虚拟组织特定的管理政策。

(3)支持安全通信，保证广域环境下数据特别是敏感数据的机密性和完整性。

(4)支持用户和资源之间的相互认证，防止主体假冒和数据泄密。

虽然在网格系统出现之前，人们已经提出了许多安全技术，但我们无法完全使用现有的安全技术解决网格的安全问题。例如，传统的传输层安全机制无法满足网格特有的用户单一登录要求，分布式系统采用的安全机制无法满足与本地的安全方案协同工作的要求，特别是在跨多个管理域的资源访问方面，因此，人们需要研究新的安全技术和新的安全机制。

11.2　安全技术基础

尽管我们无法完全使用现有的安全技术解决网格的安全问题，但是这些技术为问题的解决奠定了良好的基础，这里就对它们作一个简单的介绍。

11.2.1　PKI

公钥基础设施(public key infrastructure，PKI)技术是目前应用最广泛的安全认证技术。它建立在公钥密码学基础上，主要包括加密、数字签名和数字证书等技术。在 PKI 系统中，CA(Certificate Authority)是一个域中的认证中心，是可信认证的第三方机构。用户之间的通信和认证都要依赖 CA 所颁发的证书。其主要组成部分和操作流程如图 11-1 所示。

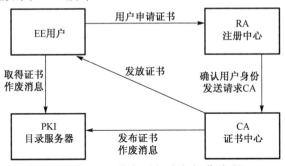

图 11-1　PKI 的主要组成与操作流程

图 11-1 中终端实体(end entity, EE)负责用户密钥的生成、存储，证书的申请、获取、验证、更新、搜索和签署；注册中心(registration authority, RA)是数字证书的申请注册、签发和管理机构，负责用户注册、用户身份调查、证书申请和证书作废；PKI 目录服务器用于证书的搜索、获取和作废，所有 PKI 都可以访问；CA 证书中心是 PKI 的核心执行机构，通常称它为认证中心，其主要职责包括以下几种。

(1)验证并标识证书申请者的身份。对证书申请者的信用度、申请证书的目的、身份的真实可靠性等问题进行审查，确保证书与身份绑定的正确性。

(2)确保 CA 用于签名证书的非对称密钥的质量和安全性。为了防止被破译，CA 用于签名的私钥长度必须足够长并且私钥必须由硬件卡产生，私钥不出卡。

(3)管理证书信息资料。管理证书序号和 CA 标识，确保证书主体标识的唯一性，防止证书主体名字的重复。在证书使用中确定并检查证书的有效期，保证不使用过期或已作废的证书。发布和维护 CRL，因某种原因证书要作废，就必须将其作为"黑名单"发布在 CRL 中，以供在线查询，防止风险。对已签发证书的使用全过程进行监视跟踪，作全程日志记录，以备发生争端时提供公正依据，参与仲裁。

一个具体的证书发放流程通常包括如下 6 个步骤。

(1)录入用户申请。

(2)审核提交证书申请。

(3)索取密钥对。

(4)返回密钥对。

(5)签发证书并发布。

(6)下载证书、制证。

目前常用的证书格式是 X.509 证书，它包含的字段及其含义如表 11-1 所示，其中的发证者标识、持证人姓名和持证人标识必须是唯一的。

表 11-1　X.509 证书的字段及其说明

字段名	说明
Version	版本号
Serial Number	证书唯一序列号
Signature algorithm ID	签名使用的算法
Issuer name	CA 的名字
Validity period	证书有效期
Subject name	持证人姓名
Subject public key information	持证人公开密钥谊息
Issuer unique identifier	CA 唯一标识
Subject unique identifier	持证人唯一标识
Extensions	扩充内容
Signature on the above field	CA 对证书的签名

11.2.2　TLS

TLS（Transport Layer Security）是 IETF 将 SSL（Secure Socket Layer）标准化之后的称谓，用于在两个通信应用程序之间提供数据完整性和私密性保护，其中完整性通过互相认证、使用数字签名来完成，私密性则通过加密来完成。它的最大优势是应用协议的独立性，也就是说，高层协议可以透明地封装在 TLS 协议之中。

TLS 协议由两层组成，即位于下层的 TLS 记录协议（TLS Record）和位于上层的 TLS 握手协议（TLS Handshake）。TLS 记录协议位于 TLS 握手协议之下、可靠的传输协议（如 TCP/IP）之上，为高层协议提供数据分组/重组、压缩与解压缩、加解密等基本功能的支持。TLS 握手协议用于在实际的数据传输开始前，通信双方进行身份认证、协商加密算法、交换加密密钥等。需要指出的是，TLS 并没有规定应用程序如何在 TLS 上增加安全性，这些工作留给协议的设计者和实施者去完成。

TLS 记录协议本身也是分层的，其中的每一条记录包含长度字段、描述字段和内容字段。在得到要发送的消息之后，记录协议首先将数据分成易于处理的数据分组，进行数据压缩处理（可选），计算数据分组的消息认证码（MAC），加密数据然后发送出去。对于接收到的消息，首先被解密，然后校验 MAC 值，解压缩，重组，最后传递给协议的高层客户。数据加密采用对称加密，对称加密所产生的密钥对每个连接都是唯一的，且可以通过协商（基于其他协议，如 TLS 握手协议）确定；MAC 用来进行信息完整性检查。

TLS 握手协议是 TLS 协议中最复杂的部分，用于处理对等用户的认证。TLS

握手协议定义了 10 种消息，客户端和服务器利用这 10 种消息相互认证，协商加密算法和数据加密所采用的密钥。TLS 握手协议基于 PKI 完成对等方（服务器和用户）的身份认证，确保数据发送到正确的客户机和服务器。服务器对用户的认证通过数字签名完成，而用户对服务器的认证过程如下。

（1）客户端向服务器发送一个开始消息启动一个新的会话连接。

（2）服务器根据客户的消息确定是否需要生成新的主密钥，如需要则在响应消息中包含生成主密钥所需的信息。

（3）客户根据收到的服务器响应，产生一个主密钥，并用服务器的公开密钥加密后传给服务器。

（4）服务器恢复该主密钥，并返回给客户一个用主密钥认证的消息，以此让客户认证服务器。

11.2.3　SAML

安全断言标记语言（Security Assertion Markup Language，SAML）是一个由 OASIS 认可的标准，用于在不同的安全域（Security Domain）之间交换认证和授权数据，它的作用主要包括三个方面，即认证申明（表明用户是否已经认证）、属性申明（表明某个主体的属性）和授权申明（表明某项资源的权限）。

SAML 针对不同的安全系统提供了一个共有的框架（图 11-2），允许企业及其供应商、客户与合作伙伴进行安全的认证、授权和基本信息交换。SAML 定义了一套请求-响应接口，安全域通过这一接口来交换消息，保证认证断言、授权决定断言和属于特定用户与资源的属性。此外，SAML 还定义了认证权威机构、属性权威机构、策略决策点和策略实施点等功能性实体。

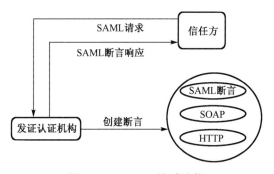

图 11-2　SAML 体系结构

SAML 的一个主要应用场景就是所谓的 Web 浏览器单点登录（single signon，SSO）。图 11-3 给出了这一过程的流程图。图中的用户代理（User Agent）通常是一个 Web 浏览器，它代表用户向服务提供商（Service Provider）发出资源请求；服务供应商并不直接和认证机构(Identity Provider)通信来确认用户身份，而是通过用户代理向认证机构发出认证请求。

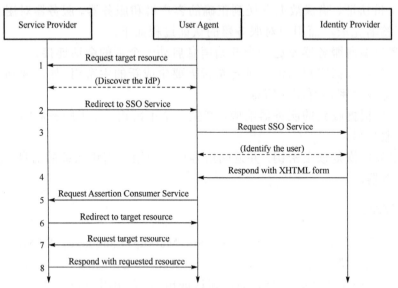

图 11-3　Web 浏览器单点登录的工作流程

在上述流程中，发出认证请求和产生响应的流程如图 11-4 所示。

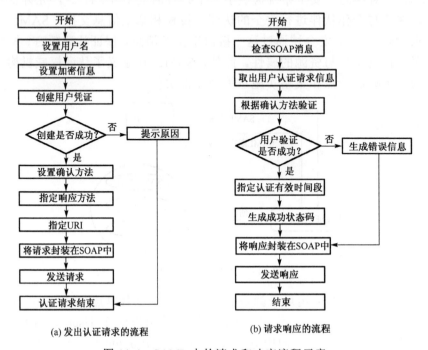

(a) 发出认证请求的流程　　　　　　(b) 请求响应的流程

图 11-4　SAML 中的请求和响应流程示意

11.2.4　Web 服务安全

随着 OGSA 和 WSRF 的提出，网格计算与 Web 服务走向了融合，因而 Web 服务安全也就成为网格安全的前提。常用的 Web 服务安全协议如图 11-5 所示，主要包括 WS-SecureConversation、WS-Authorization、WS-Federation、WS-Policy、WS-Trust、WS-Privacy 和 WS-Security 等。

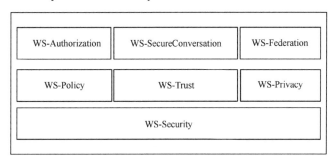

图 11-5　Web 服务安全协议

在上述协议中，WS-Security 在 XML 签名的基础之上提供了认证、加密、签名等功能；WS-Policy 定义了功能和安全策略的表述方法；WS-Trust 描述了如何在 Web 服务环境中建立企业之间的信任关系和建立信赖关系的模式；WS-Privacy 描述了如何表述个人隐私，以及如何把隐私权策略及首选项与 Web 服务相关联；WS-SecureConversation 描述了如何管理和认证通信各方之间的消息交换，包括安全上下文交换，以及建立和继承会话密钥；WS-Federation 描述了在异构的联合环境中如何管理和代理信任关系，包括支持联合的身份；WS-Authorization 描述了如何在 Web 服务基础架构中提供应用程序授权请求和决定，以及如何管理授权数据和授权策略，定义管理认证数据和策略的方法。

11.3　网格安全基础设施

由 Globus 开发的 GSI[2~4]解决了很多的网格安全需求，所以被绝大多数的网格系统采用。GSI 基于标准的安全技术，包括公钥技术、X.509 数字证书及传输层安全技术(TLS)来解决安全的认证和通信，其中公钥加密(也称作非对称加密)是所有功能的基础，证书是关键，用户和资源在网格环境下都用证书来标识自己的身份。

11.3.1　GSI 概览

如图 11-6 所示，GSI 将功能分为四个层次，即消息保护、认证、委托(Delegation)

与授权。具体而言，它利用 TLS 或 WS-Security 和 WS-SecureConversation 来实现
SOAP 消息的保护；利用 X.509 最终实体(End Entity)证书，或者用户名和密码实
现认证；委托基于 X.509 代理(Proxy)证书和 WS-Trust 实现；而 SAML 断言则用
于实现授权。

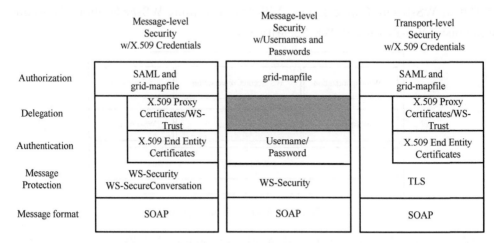

图 11-6　GSI 概览

由图 11-6 中可以看出，GSI 在 SOAP 协议的基础上提供了两个层次的安全保
护，即传输层次的安全(transport-level security)和消息层次的安全(message-level
security)。对应这两个层次，GSI 提供了两种安全策略：传输层次的安全策略和
消息层次的安全策略。传输层次的安全策略是指将一次会话中的所有消息都通过
TLS 进行加密；消息层次的安全策略是指仅仅将会话过程中消息的内容进行加密，
而其他的 SOAP 消息不进行加密。Globus 工具集中默认使用传输层次的安全策略，
它在性能方面要高于消息层次的安全策略。

最后需要指出的是，传输层次的安全通常基于 X.509 证书来完成认证，在没
有证书的情况下，它也可以提供无认证的消息保护(通常称之为匿名传输层安全)。
在这种操作模式中，认证可以通过在 SOAP 消息中附加用户名和密码来完成，更
极端的情况则是完全不进行任何认证，只是在收发双方之间进行通信。

基于我们之前提到的各种安全技术，下面介绍 GSI 实现的关键功能。

11.3.2　相互认证

相互认证通过 TLS 来完成。网格中对相互认证的前提要求是双方都拥有证书，
且信任彼此的证书颁发机构——CA 中心。假如参与相互认证的两个用户分别是 A
和 B，具体的认证步骤如下。

(1)用户 A 创建一个到用户 B 的连接。

（2）用户 A 将自己的证书发送给 B，证书中包含 A 的标识、A 的公钥和可验证该证书的 CA 名称。

（3）用户 B 通过校验 CA 的数字签名确定证书的合法性，即该证书确实由给定的 CA 所发放。

（4）用户 B 生成一条随机消息发送给 A，要求 A 对其加密。

（5）用户 A 用自己的私钥将收到的消息加密并返回给 B。

（6）用户 B 利用 A 的公钥解密消息，如果得到的结果确实是最初的随机消息，那么 B 就认为 A 确实具有证书中所标明的身份。

（7）至此，用户 B 对用户 A 的认证完成。接下来就是用户 A 对用户 B 的认证过程，重复上述步骤即可（但每一步的操作需要反向进行），这里就不再赘述。

11.3.3　安全通信

考虑到加解密的性能开销，GSI 在缺省的情况下并不支持私密通信。尽管如此，在需要私密通信的情况下，GSI 能够很容易地设立一个共享密钥。如图 11-6 所示，在具体的操作上，实现消息保护（安全通信）有 2 种方式：一种方式是直接利用 TLS 的非对称加密，将所有的通信内容都加密；另一种就是采用 WS-Security 的对称加密，只对消息内容进行加密。对称加密所采用的密钥在会话中协商确定，具体请参见 WS-SecureConversation 和 WS-Security 规范。

11.3.4　授权

GSI 提供了两种授权方式：一种是仅仅使用 grid-mapfile，它实际上是一个访问控制列表，记录了具有权限的用户标识，这种方式多见于早期版本中；另一种是基于 SAML 标准，主要使用其中的 AuthorizationDecision 断言。在实际应用中，GSI 同时支持服务器端授权和客户端授权，对客户端授权的支持使得客户端也有权利设置它可以访问哪些服务，即客户端的请求可以发送到哪台服务器上。

服务器端有六种授权模式。

（1）none：不需要认证，服务器上的服务可供任何用户使用。

（2）self：只有用户的身份和服务器的身份一致时，用户才可以使用服务器上的服务。

（3）grid-mapfile：只有在 grid-mapfile 列表上的用户才能使用服务器上的服务。

（4）标识（Identity）授权：只有用户的标识与某一指定的身份相一致时，该用户才能使用服务器上的服务。

（5）主机（Host）授权：当用户提供的主机证书和某一指定的主机名称相匹配时，该用户可以使用服务器上的服务。

（6）SAML Callout 授权：请参见 SAML 规范，这里不再解释。

客户端授权有四种授权模式，即 none、self、标识授权和主机授权，前三种授权模式和服务器端相对应的授权模式类似，而主机授权指的是，如果服务器有一个主机证书，并且用户可以确定该服务器的地址和主机证书上声明的主机名称相一致，只有这样用户才可以将请求发送到该服务器上。

11.3.5　委托与单点登录

委托和单点登录是 GSI 的一个重要特性，它可以减少用户输入密码的次数，在计算过程用到多种资源（每种都要求相互认证）及需要 Agent 代替用户完成请求的时候尤其有效。这一特性是通过创建代理（Proxy）完成的。委托的过程就是创建代理证书并委托给运行在远端资源上的进程的过程，而单点登录前面已经叙及，需要通过与用户 Agent 的多次交互完成，因而也离不开代理创建。

代理由一个新证书（即代理证书）和一个私钥组成，它所使用的密钥对可以是重新生成的，也可以是通过其他途径获得的。代理证书中包含了所有者标识（作了一点改动以表明它是一个代理），与普通用户证书不同的是，代理证书由所有者签署，而不是由 CA 直接签署。假定进程 B 要代替 A 完成请求，则生成代理证书的步骤如下。

（1）B 首先生成一对公共密钥和私有密钥。

（2）B 用这对密钥生成一个证书签发请求，其中包含了这对密钥中的公钥，并通过安全的渠道发送给 A。

（3）如果 A 同意请求，则用它的私钥签发代理请求，并通过安全渠道发送给 B。

（4）B 用此代理证书就可以扮演 A 的角色。

需要指出的是，用户代理可以进一步创建自己的代理，如此一来，多个代理之间就形成了如图 11-7 所示的安全信任链条。另外，代理证书中还包含一个时间标记，用于指示证书的时效。通常代理证书的生命周期很短，而证书过期则密钥失效，即使私钥被暴露，危害也有限，因而可以在存储代理的私钥时不用口令进行加密保护。如此一来，对于代理来说就没有口令了。这样，用户输入一次口令，用自己的数字证书产生代理证书后，在代理证书的有效期内，就可以使用代理证书完成相互认证，实现对不同资源的多次访问而不需要再次输入口令。

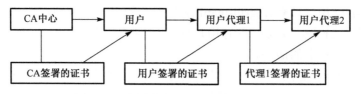

图 11-7　由用户代理形成的安全信任链

11.4 GOS 安全机制

GOS(Grid Operating System)是为 CNGrid 开发的网格中间件，它采用了 GSI 中描述的代理证书来方便用户的认证和权限代理的功能，也采用和 Globus 中一样的代理证书格式。GOS 同样关注认证、授权和访问控制以及通信安全，它提供了认证机制来认证用户，以及在用户和资源间进行双向的认证；提供了虚拟组织层次的细粒度的授权机制，以及可方便定制的资源层次的授权实施；提供了对应用透明的可配置的通信安全机制[5]。

11.4.1 基本概念

在 CNGrid GOS 中，Agora 是虚拟组织概念的具体实现，负责组织相关的用户和资源，定义访问控制策略，形成资源共享的上下文。Agora 的关键是方便资源共享和用户协作，为此，Agora 提供了相应的机制来使得资源提供者可以把资源注册到 Agora 中，同时管理已经注册的资源，并把相应的权限分配给用户。

CNGrid GOS 中的另外一个重要的概念是操作上下文(OperateContext)，它包含用户在网格上面的身份信息，包括用户的代理证书、用户所属的 Agora、所在的群组以及由 Agora 签发的访问资源的令牌等。当用户想访问资源的时候，需要把操作上下文从用户端传送到资源端，由资源端来进行访问控制实施。

11.4.2 安全体系

CNGrid GOS 安全体系结构如图 11-8 所示，它包含以下主要模块。

(1)CA 中心。在 CNGrid 中部署了一个 CA 中心，用户可以通过 CA 中心提供的 Web 界面来申请用户的证书。

(2)CNGrid。GOS 系统软件每一个 CNGrid 节点都需要部署 GOS 系统软件，包括 GripContainer、Agora(图中的 Agora 服务器)和网格门户(图中的 Grid Portal)三部分，其中 Agora 包含用户管理、资源管理和授权管理三个功能模块，这些模块都提供了相应的 Web 服务接口；GripContainer 维护一个或多个 Grip(网格进程)，它们记录了用户的网格身份，包括登录和访问资源等在内的操作都会自动地建立和传送操作上下文；网格门户用来方便用户管理 CNGrid GOS。

(3)资源(图中的 Resource 服务器)需要进行部署，并进行相应的安全配置。

在 GOS 中，用户、资源和 Agora 都需要证书来标识它们的身份。用户可以通过 Web 界面和传统的命令行来访问 CNGrid GOS，但在访问之前需要利用 GOS 提供的工具生成代理证书。

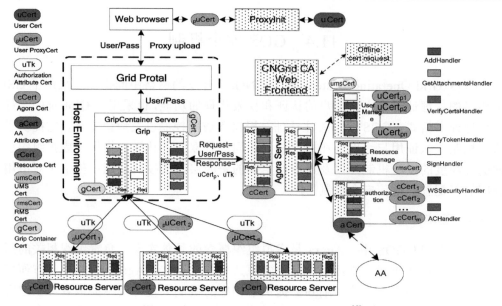

图 11-8　CNGrid GOS 的安全体系结构[5]

11.4.3　认证的实现

CNGrid GOS 同样基于 PKI，使用标准的 X.509 证书来对用户进行认证，以及实现用户和资源的双向的认证。

由于拥有 X.509 证书并不能认证用户，用户需要利用对应的私钥来对某些信息进行签名来证明自己拥有对应证书的私钥。同时，CNGrid GOS 也支持 GSI 中提出的代理证书的概念。首先，用户随机的产生公钥和私钥对，用自己的签名私钥来签发代理的证书，然后把这个代理证书及用户的证书都安全地传送到 Agora（虚拟组织），Agora 对这个代理证书进行验证，看是否有相应的用户证书签发，从而验证用户的身份。

在 CNGrid GOS 中，用户和资源之间的相互认证是基于 WS-Security 的签名标准来实现的。数字签名可以表明用户或资源拥有相应的证书的私钥。此外，在 SOAP 消息中把相应的证书传送过去，接收方可以根据消息中的证书以及相应的签名来验证发送者的身份。

基于 PKI 基础设施和代理证书，CNGrid GOS 实现了单点登录。PKI 基础设施来对用户颁发用户证书，这个证书是全网格通用的。由于代理证书的设计，用户在访问资源的时候不需要多次输入密码，而且在资源代表用户访问别的资源的时候利用代理证书的功能（由用户证书签发，作为认证用户的凭证）也不需要用户输入密码，从而实现了单点登录。

11.4.4　授权的实现

GOS 授权分为两个部分，即 VO 层次的授权决策和资源端的授权实施。由于在 CNGrid GOS 中，VO 是通过 Agora 实现的，因此授权的基础就是 Agora。具体而言，Agora 把用户和资源聚集在一起，集中管理用户和资源，提供统一的授权策略；而资源端的授权实施最终根据 Agora 的策略及本地的安全策略来决定是否允许相应的资源访问。

Agora 中的授权系统包含用户（主体）、资源（客体）及组。在 Agora 中，用户可以属于多个组，同时 Agora 可以指定哪个用户或组可以访问相应资源的哪些操作。资源在 CNGrid GOS 中必须属于某个资源管理者，他拥有资源的全部权限，包括设置资源的访问控制列表（ACL）。在 CNGrid GOS 中，ACL 的形式和 UNIX 文件系统中文件的权限控制类似。

在资源端，GOS 提供了两种访问控制模型：一是直接的访问控制；二是基于令牌的访问控制。直接的访问控制通过配置文件直接指定哪个网格用户（在哪个 Agora 中的哪个组、哪个用户，基于用户 DN）可以访问某个操作，而基于令牌的访问控制则是检查 Agora 签发的令牌来决定是否允许访问控制。此外，资源端可以很方便地对用户的访问进行定制，从而更好地结合本地的安全策略。

图 11-9 给出了 CNGrid GOS 中授权实际执行的流程，它总共包含六个步骤。第 0 步表示资源注册到相应的 Agora 中。当用户需要访问相应的资源的时候，首先发送请求到 Agora 请求授权令牌（第 1 步）。Agora 在接收到请求之后，根据资源的 ACL、组和用户的信息来判断用户是否有相应的权限，然后签发相应的授权令牌（授权令牌没有考虑要调用的操作），发送到用户端（第 2 步）。在第 3 步，用户端把授权令牌和用户的身份信息包括代理证书、所在 Agora、所在的组等组成 OperateContext，安全地发送到资源端。资源端的访问控制模块截获相应的资源访问请求，根据资源的配置，调用相应的判断逻辑决定是否允许访问，如果可以则把请求转发给资源（第 4 步）。资源处理结束，将结果发送到用户端（第 5 步和第 6 步）。

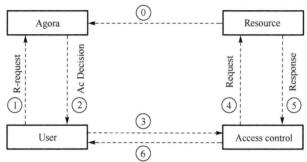

图 11-9　CNGrid GOS 的授权过程[5]

11.4.5　通信安全的实现

CNGrid GOS 同样提供了传输层的安全性和消息层的安全性。与 GSI 类似，在传输层，GOS 利用 TLS/SSL 来提供机密性保证；在消息层，GOS 遵循 WS-Security 标准来对 SOAP 消息进行签名以保证数据的完整性和进行相互认证。在实际应用中，GOS 支持的安全需求分为以下几类：没有安全需求；要求保证完整性；需要有数字签名，同时需要保证 OperateContext 的传递。用户只需要在客户端和服务端进行相应的配置就可以实现相应级别的安全性，不需要对应用进行任何的修改，因而极大地方便了应用程序的编写。

GOS 基于 AXIS（Apache EXtensible Interaction System，本质上就是一个 SOAP 引擎，提供创建服务器端、客户端和网关 SOAP 操作的基本框架）的 Handler 链实现了安全机制与服务实现的分离。相互认证和消息层的通信安全都是通过一系列处理 SOAP 消息的 Handler 链来实现的。一个 Handler 就是一个对 SOAP 消息进行处理的功能模块。图 11-10 给出了 GOS 中常用的 Handler 及其消息处理流程。

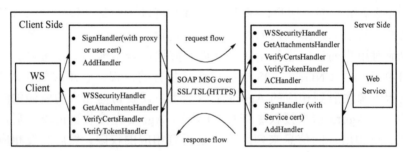

图 11-10　GOS 的 SOAP 消息和 Handler 链[5]

图 11-10 中列出的 Handler 简要说明如下。

(1) SignHandler：对 SOAP 消息进行签名。

(2) AddHandler：把 OperateContext 放入 SOAP 的头部。

(3) WSSecurityHandler：验证 SOAP 消息的签名是否正确。

(4) GetAttachmentsHandler：从 SOAP 消息中取得 OperateContext。

(5) VerifyCertsHandler：验证 OperateContext 的代理证书的有效性。

(6) VerifyTokenHandler：验证 Agora 签发的令牌是否正确。

(7) ACHandler：实现资源端的访问控制。

参 考 文 献

[1]　Ramakrishnan L. Securing next-generation grids. IT Professional, 2004, 6(2): 34-39.

[2]　Foster I, Kesselman C，Tsudik G, et al. A security architecture for computational grids. The 5th ACM Conference on Computer and Communication Security, 1998: 83-92.

[3]　Welch V, Siebenlist F, Foster I, et al. Security for grid services. Twelfth International Symposium on High Performance Distributed Computing（HPDC-12）, 2003.

[4]　The Globus Security Team. Globus Toolkit Version 4 Grid Security Infrastructure: A Standards Perspective. http://toolkit.globus.org/toolkit/docs/4.0/security/GT4-GSI-Overview.pdf.

[5]　喻林，邹永强，查礼. CNGrid GOS 安全：设计与实现. 华中科技大学学报（自然科学版），2010, 38（增刊 I）: 6-10.